化学工业出版社"十四五"普通高等教育规划教材

生物化学实验

张 婷 朱德艳 主编

SHENGWU HUAXUE
SHIYAN

化学工业出版社

·北京·

内容简介

《生物化学实验》主要内容包括：实验准备（第一章）、蛋白质（第二章）、核酸（第三章）、酶及维生素（第四章）、糖类（第五章）、脂类（第六章）以及设计性实验（第七章）。其中，第二章至第六章实验项目又分别从基础性实验和综合性实验两个维度进行编写，全书共编写32个实验项目，各个实验内容不仅注重生物化学实验规范性与基础性，而且更加注重培养学生发现问题、分析问题、解决问题的综合能力。

《生物化学实验》可以作为生物科学类、药学类专业的本科生教材，也可供从事生物化学领域研究的从业者参考使用。

图书在版编目（CIP）数据

生物化学实验 / 张婷, 朱德艳主编. -- 北京：化学工业出版社, 2025.5. -- (化学工业出版社"十四五"普通高等教育规划教材). -- ISBN 978-7-122-47721-7

I. Q5-33

中国国家版本馆 CIP 数据核字第 2025KE8902 号

责任编辑：褚红喜　甘九林　　文字编辑：孙钦炜
责任校对：张茜越　田睿涵　　装帧设计：刘丽华

出版发行：化学工业出版社
　　　　　（北京市东城区青年湖南街 13 号　邮政编码 100011）
印　　装：三河市君旺印务有限公司
787mm×1092mm　1/16　印张 8　字数 173 千字
2025 年 7 月北京第 1 版第 1 次印刷

购书咨询：010-64518888
售后服务：010-64518899
网　　址：http://www.cip.com.cn
凡购买本书，如有缺损质量问题，本社销售中心负责调换。

定　　价：29.80 元　　　　　　　　版权所有　违者必究

《生物化学实验》编写组

主 编

张 婷　　朱德艳

其他编写人员

简清梅　　张 霞　　许文博
张云牧　　陈 晗

前言

生物化学实验技术是生物科学研究和应用领域中一项非常核心的基本技术。近年来，生物科学研究领域发展迅速，新技术层出不穷，这就更要求研究人员具有扎实的基础实验技能。生物化学实验以掌握生物化学实验的基本原理和操作技术为目标，让学生熟悉分离、分析和鉴定生物体内基本物质组分的常用技能，学习物质代谢的研究方法，通过实验技术加深对生物化学理论知识的理解，增强对生命科学问题的分析、解决能力，对包括生物工程、食品科学与工程、制药工程、环境工程等专业在内的工程类专业学生是必不可少的。

本教材在注重生物化学实验规范性与基础性的同时，不仅体现出对生物化学实验基本操作技能的训练，而且引入综合性和设计性实验，注重培养学生发现问题、分析问题、解决问题的综合能力。通过引入本领域新的科研成果为设计性实验内容，培养学生的科研思维。全书按章节形式编排，每章设有不同的实验项目，每个实验项目中设有实验目的、实验原理、实验试剂与仪器、实验操作流程、注意事项、思考题等模块。

本教材由荆楚理工学院长期从事教学和科研工作的教师负责编写，具体编写分工如下：第一章由荆楚理工学院食品与生物学院张婷编写，第二章由荆楚理工学院食品与生物学院简清梅和医学部张霞共同编写，第三章由荆楚理工学院食品与生物学院许文博编写，第四章由荆楚理工学院食品与生物学院张云牧和张婷共同编写，第五章由荆楚理工学院食品与生物学院陈晗编写，第六章由荆楚理工学院食品与生物学院张云牧编写，第七章由荆楚理工学院食品与生物学院张婷编写。全书由荆楚理工学院食品与生物学院朱德艳统稿。

在本书编写过程中，各位编者精心编撰，在此对他们付出的辛苦表示由衷的感谢，同时也感谢化学工业出版社给予的大力支持与帮助。限于编者的学识与水平，书中难免有不足之处，恳请同行与广大读者赐教。

编　者
2025 年 1 月

目录

第一章 实验准备 1

第一节　生物化学实验室安全与日常防护　// 1
第二节　生物化学实验常用仪器和技术　// 3
第三节　生物化学实验报告书写规范　// 15

第二章 蛋白质 18

基础性实验类　// 18

实验一　纸色谱法分离鉴定氨基酸　/ 18
实验二　蛋白质的性质实验　/ 22
实验三　考马斯亮蓝 G-250 法测定蛋白质含量　/ 28
实验四　紫外-可见吸收光谱法测定蛋白质含量　/ 30
实验五　血清蛋白质的乙酸纤维素薄膜电泳　/ 33

综合性实验类　// 36

实验六　聚丙烯酰胺凝胶电泳法分离蛋白质　/ 36
实验七　凝胶过滤色谱法测定蛋白质分子量　/ 40
实验八　蛋白质印迹法检测蛋白质　/ 44

第三章 核酸 46

基础性实验类　// 46

实验九　CTAB 法提取植物基因组 DNA　/ 46
实验十　DNA 的琼脂糖凝胶电泳　/ 49
实验十一　酵母 RNA 的提取及组分鉴定　/ 52
实验十二　质粒 DNA 的分离和酶切反应　/ 55
实验十三　PCR 扩增水稻管家基因 *Actin*　/ 59

综合性实验类　// 62

实验十四　水稻叶片 RNA 的提取及含量测定　/ 62
实验十五　DNA 印迹法（Southern Blot）　/ 65

第四章 酶及维生素 69

基础性实验类 // 69

实验十六　唾液淀粉酶的性质实验 / 69

实验十七　肝脏谷丙转氨酶活力测定 / 72

实验十八　过氧化氢酶米氏常数的测定 / 75

实验十九　琥珀酸脱氢酶的竞争性抑制 / 78

综合性实验类 // 80

实验二十　不同果蔬中维生素C含量的测定 / 80

实验二十一　大蒜中超氧化物歧化酶的提取 / 83

第五章 糖类 86

基础性实验类 // 86

实验二十二　DNS法测定面粉中还原糖和总糖含量 / 86

实验二十三　薄层色谱法分离鉴定糖 / 90

综合性实验类 // 92

实验二十四　香菇多糖含量的测定 / 92

实验二十五　植物组织中可溶性糖、淀粉的含量测定 / 94

第六章 脂类 97

基础性实验类 // 97

实验二十六　植物种子中粗脂肪的定量测定——索氏提取法 / 97

实验二十七　食用油碘值的测定 / 99

综合性实验类 // 101

实验二十八　卵黄中卵磷脂的提取和鉴定 / 101

第七章 设计性实验 103

实验二十九　种子中醇溶蛋白质的提取与纯化 / 103

实验三十　检测目的基因在水稻不同组织中的表达量 / 107

实验三十一　不同生长时期丹参抗氧化酶活性的比较 / 112

实验三十二　重组质粒的构建和表达 / 117

第一章 实验准备

第一节 生物化学实验室安全与日常防护

生物化学实验室是教师开展教学、学生实施创新项目研究的重要场所,能够满足各种类型实验项目的需求。为了保证众多实验项目的顺利实施,生物化学实验室存储了多种实验试剂,配备了多种实验设备,这使得生物化学实验室管理相对复杂。为了保证实验室的安全,初次进入实验室的学生需要接受必要的安全教育,提高安全意识,熟悉安全防护知识,以备不时之需。

一、生物化学实验室安全常识

生物化学实验室试剂多、设备多、设备线路复杂,实验室安全主要包括用水用电安全、易燃易爆物品管理、剧毒危险品管制、废弃物处理等。

1. 用水用电安全

(1)培养学生节约用水意识。用水完毕后及时关闭水龙头。
(2)告知学生自来水总闸的位置,一旦发生水管破裂,可及时关闭总闸。
(3)在接超纯水时,全程要有人值守,防止水溢出。
(4)培养学生安全用电意识。不得私自乱接仪器设备;若发现仪器电线绝缘皮老化或插座破裂等安全隐患,应立即报告教师或实验室管理人员。
(5)告知学生按照仪器的使用规程使用仪器设备,仪器使用完毕后,对于不需要继续供电的仪器设备,应切断电源。
(6)不要用湿手接触任何带电设备。
(7)大功率电器需要专用插座,需要配备稳压器的设备应配备稳压器。
(8)每次实验结束时,值日生要检查水龙头是否拧紧、水槽是否清理,以防止水槽堵塞;检查该断电的仪器设备是否都已断电。

2. 易燃易爆物品管理

生物化学实验经常会使用到一些易燃易爆物品，比如甲醇、乙醇、乙醚、丙酮、石油醚、冰醋酸、异丙醇等，这些物品应在专人管理的防爆柜中储存，使用时需要注意以下几点：

（1）按需领用，提前了解所需物品的理化特性和安全操作规程。

（2）实验室内禁止吸烟，易燃易爆物品使用时严禁出现火花或使用明火。

（3）易燃易爆物品要在通风良好的环境下使用，远离火源和电器开关，避免与氧化剂接触，避免阳光直射。

（4）取用易燃易爆物品时，每一种试剂应单独用一种器皿，不得混用。

（5）易燃易爆物品的残渣应收集在指定的废液桶中，不得随意倾倒。

（6）冰箱中不得存放易燃易爆物品。

3. 剧毒危险品管制

生物化学实验中也会用到一些具有毒性的物品，如溴化乙锭、丙烯酰胺等，这些物品的管理实行双人双锁制。

（1）遵照严格的审批手续领用剧毒危险品，由专人保管。剧毒危险品不允许带出实验室。

（2）使用剧毒危险品时需要戴手套，对于易吸入的危险品还需要戴口罩或防毒面罩，在通风橱中操作。

（3）盛放剧毒危险品的容器单独放置、单独清洗。

4. 废弃物处理

生物化学实验的废弃物包括非生物废弃物和生物废弃物。非生物废弃物，如高浓度的酸、碱或其他高浓度有机溶剂，需要分别回收、集中处理。生物材料，如动物的组织材料、血液或分泌物，这些存在细菌和病毒感染风险的材料在实验完成后需进行高压灭菌，对于有可能被污染的玻璃器皿也应高压灭菌后再清洗。

二、日常防护

实验室是一个具有潜在危险的场所，教师和学生必须做好日常防护，维护实验室安全，保护个人安全。

（1）教师和学生需按照学期实验计划，穿实验服在实验室开展实验教学工作。

（2）禁止将与实验无关的物品带入实验室，实验室严禁喧哗、抽烟、饮食。

（3）仪器设备需严格按照操作流程使用，使用完毕后，如实填写使用记录。如果仪器设备出现问题，要及时反馈给实验室管理人员。

（4）实验前学生需充分了解实验物品中是否有危险品，知晓安全操作；教师需强调实验中特别需要注意的安全事项，告知学生正确、安全的操作方法。

（5）取用浓酸、浓碱等具有强腐蚀性溶液时，注意不要溅在实验服或皮肤上，注意做好眼睛的防护，有必要的话可以在通风橱中取用。如果浓酸不小心溅到皮肤上，立即用大量的流动水冲洗，随后用 3%～5%的碳酸氢钠溶液擦洗，最后再用流动水冲洗；如果浓碱不小心溅到皮肤上，处理方法与浓酸类似，区别在于用流动水冲洗后用 5%硼酸溶液擦洗。

（6）取用有毒物品时一定要戴手套，取用完毕后立即洗手；取用容易吸入的有毒物品时还需要戴口罩；对于有刺激性或易挥发的有毒物品，需要在通风橱取用。

（7）配制的溶液必须贴上标签，标签上标明溶液名称、浓度、配制人和配制日期等。

（8）实验完毕后，各小组要将所用的实验台打扫干净，物品摆放整齐，玻璃器皿清洗干净并归位，不得随意放置。值日生做好实验室的卫生清理工作，检查水电安全，关好门窗，经教师检查合格后，方可离开实验室。

第二节　生物化学实验常用仪器和技术

一、常用仪器

（一）微量加样器

1. 类型与结构

微量加样器俗称移液枪、移液器，是实验室常用的量程连续可调的一种精确取样装置。为了满足不同实验的需求，微量加样器的样式和规格多种多样，样式有手动和电动、单通道和多通道之分，规格则从 0.1μL 到 5000μL 不等（图 1-1）。

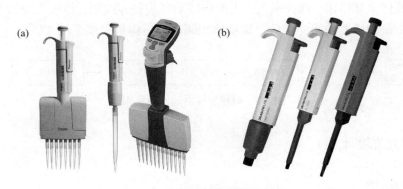

图 1-1　不同类型的微量加样器

（a）不同样式的微量加样器；（b）不同规格的微量加样器

微量加样器的结构如图 1-2 所示。微量加样器包含体积调节旋钮、控制按钮、吸头脱卸按钮、体积显示窗口、弹性吸嘴。使用手动微量加样器时，尤其要注意两个按钮，一个是位于微量加样器顶部的控制按钮，其通过控制微量加样器内部弹簧的松紧实现放出或吸取溶液；另一个是位于微量加样器侧面的吸头脱卸按钮，每种规格的微量加样器都有与之匹配的塑料吸头，通过该按钮可卸掉吸头。

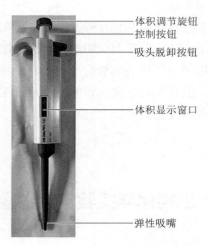

图1-2　微量加样器的结构

2. 使用方法

微量加样器的使用流程如图1-3所示。吸取溶液时，首先要选择量程合适的微量加样器，应选择规格比待吸取的溶液体积稍大的微量加样器。然后，设定取液量，旋动微量加样器的体积调节旋钮，将量程调至目标取液量；安装吸头，将微量加样器竖直插向吸头盒的吸头，稍稍用力下压；吸取液体，手握微量加样器，大拇指将控制按钮轻轻按至第一档，将吸头竖直浸入待吸取溶液中，缓慢松开控制按钮，稍作停顿后将吸头从溶液中竖直提出；排放液体，将微量加样器的吸头抵着目标容器的内壁，大拇指慢慢按下控制按钮至第二档，吸头内所有液体全部排出；卸掉吸头，大拇指按动吸头脱卸按钮，将吸头脱卸至废物盒中；回归量程，微量加样器使用完毕后，旋动体积调节旋钮将量程调至最大值。

图1-3　微量加样器的使用流程

（二）分光光度计

1. 类型与结构

分光光度计是测定目标物质对特定波长光的吸收能力，从而对物质含量进行定量分析的仪器。分光光度计一般由光源、单色器、样品室（吸收池）、检测器、信号处理器和显示与存储系统组成（图1-4）。根据光源发射光的波长和应用领域的差异，分光光度计可分为紫外-可见分光光度计、可见分光光度计、红外分光光度计、荧光分光光度计、原子吸收分光光度计。紫外-可见分光光度计和可见分光光度计常用于测定核酸、蛋白质、糖的浓度或菌体细胞的密度，涉及的波长范围为200~400nm（紫外光区）或400~760nm（可见光区）；红外分光光度计主要用于测定有机化合物，涉及波长大于760nm的红外光谱区域；荧光分光光度计用于扫描液相荧光标记物所发出的荧光；原子吸收分光光度计根据物质基态原子蒸气对特征辐射吸收的作用，确定样品中微量及痕量组分。

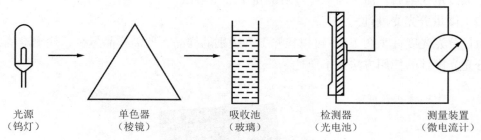

图1-4　分光光度计的一般结构

2. 使用方法

（1）常规分光光度计的使用

以722S型分光光度计（图1-5）为例，常规分光光度计的使用过程包括预热、装液、调零和测定。

图1-5　722S型分光光度计

①预热：仪器在使用前先开机开盖预热20min以上，检查仪器样品室是否有遮挡物遮挡光路，随后将波长调节旋钮旋至待检测波长。

②装液：取出比色皿，手拿粗糙面。先用蒸馏水润洗比色皿，接着用少量待测液润洗，最后将溶液倒入比色皿中，溶液体积占比色皿体积的2/3~3/4。用擦镜纸擦干比色皿外侧的溶液，将比色皿光面对准光源放入栅栏槽中。

③调零：拉动拉杆，将装有对照溶液的比色皿对准光路，按动分光光度计面板上的按钮将闪动的光点调至透射比。打开分光光度计的盖子，透射比在显示窗口的值应为0，若不为零，按"0%T"按钮将透射比的值调为0；关上盖子，透射比在显示窗口的值应为100，

若没有达到100，按"100%T"按钮将透射比的值调为100。如此开关盖操作两三次，等到仪器开盖能自动归零，关盖能自动归100，则调零工作完成。

④测定：关上分光光度计的盖子，按动分光光度计面板上的按钮将闪动的光点调至吸光值。此时面板上显示对照溶液的吸光度值应为零，若不为零，说明调零操作没有做好，需重新调零，若吸光度值为零，拉动拉杆开始测量。当拉杆拉至有明显停顿的地方时，光源对准下一个比色皿，记录此溶液的吸光度值，继续拉动拉杆测量后续溶液的吸光度值。一组溶液测量完毕后，需重新调零才可测量下一组溶液。

（2）微量分光光度计

微量分光光度计（图1-6）可以检测微升级别的样品，所需样品量少，检测准确度高。微量分光光度计的使用方法如下所述。

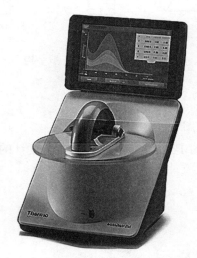

图1-6　微量分光光度计

开机后，清洗基座，将1～2μL ddH$_2$O滴加至基座上，放下检测臂，浸泡10s，用无尘纸吸去ddH$_2$O，重复3次；校正空白液，滴加1～2μL空白液于基座，放下检测臂，点击"空白"，完成空白校正；混匀样品，用涡旋振荡器或手指轻弹样品；检测样品，滴加1～2μL样品液于基座，放下检测臂，点击"检测"即可得到检测结果；用无尘纸吸去样品液，更换样品液进行下一个样品的测定；所有样品检测完毕后，清洗基座，关机。

（三）全自动凝胶成像系统

1. 结构与原理

凝胶成像系统（图1-7）是实验室对电泳凝胶图像进行拍摄和处理的装置，包括紫外透照台、成像系统和分析软件等组成部分。因待检样品中不同组分对投射光或反射光的吸收存在差异，在灯光的照射下，不同组分形成光密度不同的样品条带。

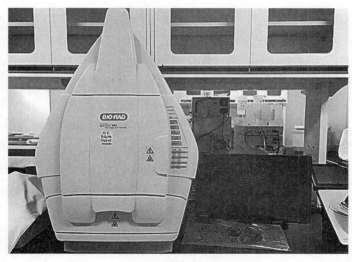

图 1-7 凝胶成像系统

2. 使用方法

①依次打开凝胶成像系统的开关和电脑开关,打开电脑中的凝胶扫描软件。
②拉开凝胶成像系统的抽屉,将凝胶放在紫外透照台的中央,关闭抽屉。
③按凝胶成像系统右侧的紫外照射按钮,使紫外透照台中的紫外灯处于打开状态。
④选择电脑软件中的凝胶类型和染色类型,点击"运行"。
⑤此时电脑界面上显示出凝胶电泳结果,可根据需要调节图像大小,对图像中的条带进行密度分析等。

(四)聚合酶链式反应(polymerase chain reaction,PCR)仪

PCR 仪是执行 PCR 程序的机器,在 PCR 仪中可实现 PCR 程序中的变性、退火和延伸操作。以 BIO-RAD PCR 仪(图 1-8)为例,PCR 仪的使用方法就是将设计好的 PCR 程序编设到仪器中,具体操作如下所述。

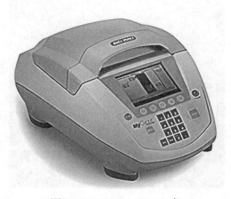

图 1-8 BIO-RAD PCR 仪

第一章 实验准备

开机，进入仪器自检程序；自检完毕后进入主界面，点击"F2（Creat）"按钮，创建程序；此时界面上显示出变性、退火和延伸的循环，按"F4（Add/Del）"按钮，选择"Add cycle before"，即在此循环之前加一个循环，修改增加的循环的温度和时间，循环次数设置为一次；将光标移到原循环的位置，设定原循环中的变性、退火和延伸的温度和时间以及循环次数，按"Enter"键确认；继续按"F4（Add/Del）"按钮，选择"Add cycle after"，修改增加的循环的温度、时间和次数，按"Enter"键确认；在刚增加的循环之后再加一个循环，循环的温度定为室温，时间任意，让仪器自然降温，按"Enter"键确认，选择"Save protocol as"，命名并保存程序。回到主界面，按"F1（Protocol Library）"按钮，在程序库中找到刚保存的程序，按"Enter"键，选择"Run protocol"，输入样品体积，运行程序。待程序运行完毕，回到主界面，长按"Stand by"键，关机。

（五）离心机

离心机是实验室常用的用于分离混合物的仪器。离心机有低速、高速和超速之分，有常温和冷冻之分，还有台式和落地式之分。离心机最核心的部件就是转子，其依靠转子强大的离心力实现样品的分离。以台式高速冷冻离心机（图1-9）为例，使用方法为：如果样品需要在低温下离心，首先应按"Temp"对应的按钮调节到目标温度，盖上离心机的盖子，等待离心机制冷；检查离心管中样品重量是否相等，离心机在离心时一定要保持对称放置的两支离心管重量相等；待离心机制冷完毕后，将重量相等的两支离心管对称放在离心机中，盖上离心机内盖和外盖，设置好转速和时间，按"Start"按钮，开始离心。应注意，当离心时间为零后，不能立刻打开离心机的盖子，一定要等待离心机的转速归零后，按"Open"按钮，旋开离心机内盖，将离心好的样品取出。

图1-9 台式高速冷冻离心机

二、常用技术

（一）离心技术

离心技术是实验室乃至于工业生产中的一种常用技术，利用离心机强大的离心力使混合物中不同组分产生沉降系数或浮力密度的差异，从而达到分离、浓缩和提纯样品的目的。根据离心技术原理的差异，离心技术可分为沉淀离心法、沉降速度法和沉降平衡法、差速沉降离心法、密度梯度区带离心法、超速离心法等。

为了更好地理解离心技术，我们需要先知晓一些与离心技术有关的专业术语。

1. 与离心技术相关的专业术语

（1）离心力

在一定角速度下做圆周运动的任何粒子都会受到一个向外的力的作用，这个力就是离心力，用 F 表示。离心力 $F = m\omega^2 r$，表示质量为 m 的粒子，在半径为 r、角速度为 ω 的离心机中离心时受到的离心力。

（2）相对离心力

相对离心力指离心机转头旋转时颗粒相对于离心轴的离心力大小，用 RCF 或用"数字 × g"表示。相对离心力为离心力与重力加速度的比值。$RCF = \omega^2 r/980 = 1.119 \times n^2 r$，式中 n 为离心机转头每分钟旋转的次数（r/min）。鉴于 n 和 RCF 之间的换算关系，描述离心机转速时，可以用 n 描述，也可以将 n 转化成 RCF 描述。

（3）沉降系数

沉降系数指颗粒在单位离心力场中的移动速度。它以每单位重力的沉降速度表示，人们规定 1×10^{-13} 秒为一个单位（记为 1S）。蛋白质的沉降系数一般为 1~20S，亚细胞器的沉降系数一般为 30~500S。沉降系数大的颗粒，离心时先沉降。沉降系数是生物大分子的一个重要特征，可以根据样品的沉降图定性分析样品组分。

2. 离心技术分类

根据离心技术的原理，离心技术可分为以下几种类型。

（1）沉淀离心法

沉淀离心法为制备型离心机常用的离心方法，在合适的离心速度下使悬浮液中的悬浮颗粒在离心力的作用下完全沉淀下来。这种离心技术需要根据待沉淀颗粒的大小确定所需的沉淀离心力。

（2）沉降速度法和沉降平衡法

沉降速度法和沉降平衡法为分析型离心机常用的离心方法，主要用于生物大分子的分子质量的测定。沉降速度法利用界面沉降测定沉降系数，而后结合其他方法求得的扩散系数即可算出生物大分子的分子质量。沉降平衡法中，样品有沉降和扩散两种行为，经长时间低速离心，形成从离心管底部到顶部的样品颗粒沉降的浓度差，扩散作用使样品颗粒由高浓度向低浓度扩散，最终达到沉降与扩散的平衡。根据平衡时浓度分布情况，即可算出生物大分子的分子质量。

（3）差速沉降离心法

差速沉降离心法是通过多次离心、逐级分离来获得目标组分的一种离心方法。该方法将样品在离心速度逐渐增加或低速和高速交替的条件下离心，分离出上清液和沉淀，将获得的上清液再次高速离心，分离出第二部分沉淀，如此循环，最终得到所需组分。因差速沉降离心法的原理为分步分离，所以确定好颗粒沉降所需的离心转速和时间显得尤为重要。在此方法的离心过程中，最大和最重的颗粒在第一次分离时沉淀，较大和较重的颗粒在第二次分离时沉淀，依次类推，最终获得目标组分。值得注意的是，得到的沉淀需经再悬浮和再离心进一步纯化。

（4）密度梯度区带离心法

密度梯度区带离心法是将样品在蔗糖、氯化铯等惰性梯度介质中进行离心，得到不同区带的分离方法，包括差速区带离心法和等密度区带离心法。差速区带离心法指具有一定沉降速度差或分子质量相差3倍以上的颗粒经一定离心力的作用会以不同的速度沉降，在梯度介质中形成不同的区带。此法与颗粒的密度无关，离心时应先装入梯度介质，样品可置于梯度介质的顶部、底部或中间位置。梯度介质起着稳定剂的作用，有效防止了取样时机械振动导致的不同区带粒子相互混合。等密度区带离心法是根据样品中不同组分的密度差异进行分离纯化的离心方法，该法可以预先形成介质的密度梯度或将样品与介质混合在离心时形成密度梯度。样品中的组分离心到与其密度相等的位置时，就不再移动，并在此位置形成区带。

（5）超速离心法

超速离心法是在转速等于或超过60000r/min的离心力作用下分离物质的一种方法。超速离心机有制备型和分析型，均配有冷冻系统和真空系统。制备型超速离心机容量大，分析型超速离心机另配有光学系统，可记录待分离物质的沉降行为。

（二）电泳技术

电泳是在外加电场的作用下，带电颗粒向着与其电性相反的电极移动，从而实现分离的一种分离技术。电泳技术可广泛用于氨基酸、肽、核苷酸、蛋白质等生物分子的分析、分离和制备。这些生物分子是两性的，具有等电点（pI），在特定的pH环境中均带有电荷。当溶液pH大于pI时，生物分子带负电荷；当溶液pH小于pI时，生物分子带正电荷。在相同的pH环境中，样品中不同组分的pI不同，所带电荷的性质和数量就不同，由此产生泳动速度的差异，从而能够实现不同组分的分离。被分离物质的泳动速度除受其自身性质影响外，还受电场强度、溶液pH、溶液离子强度、电渗现象等因素的影响。电场强度越高，带电颗粒泳动得越快；溶液pH与待分离物质等电点（pI）相差越大，所带电荷量越多，电荷量越大，泳动速度越快；溶液离子强度越大，泳动速度越慢；电渗会造成已形成区带的变形。

根据电泳方式的不同，电泳技术可分为移动界面电泳、等电聚焦电泳、等速电泳和区带电泳四种类型。

1. 移动界面电泳

移动界面电泳是将样品（如带正电荷粒子）置于电泳槽的一端，样品与载体电解质在电泳开始前有清晰的区分界面。电泳开始后，带正电荷的粒子向相反电性的一极移动，在最前面的是泳动速度最快的粒子，其他粒子根据泳动速度的快慢分别在之后形成不同的区带。最后形成的电泳图谱中只有泳动速度最快的粒子形成的第一个区带界面是清晰的，后续其他粒子的区带大部分存在重叠。

2. 等电聚焦电泳

等电聚焦电泳是在电泳槽中事先准备好 pH 梯度缓冲液，随后加入两性电解质。两性电解质在低于其等电点的环境中带正电荷，因此向负极移动；相反，其在高于其等电点的环境中带负电荷，向正极移动。当两性电解质泳动到与其自身等电点相等的 pH 梯度时，其所带的净电荷为零，此时其受到的正极和负极的吸引力一致，泳动速度下降到零。最后形成的电泳图谱表现为具有不同等电点的物质聚焦在各自等电点对应的 pH 位置上，形成一个个清晰的区带。此方法分辨率极高。

3. 等速电泳

常见的等速电泳为毛细管等速电泳，即在毛细管中加入两种浓度不同的具有一定缓冲能力的电解质，一种为前导电解质，加在检测端（末端）电解槽和毛细管中，前导电解质的电泳速度高于样品中的任何组分，而另一种是尾随电解质，加在起始端电解槽中，其电泳速度低于样品中的任何组分。样品则加在前导电解质和尾随电解质之间，在外加电场作用下，样品中的不同组分按电泳速度的大小排列在前导电解质和尾随电解质之间，最终得到的电泳图谱中区带是相互连接的。

4. 区带电泳

区带电泳是有支持介质的电泳技术，在电泳槽中添加的也是均一的、具有缓冲能力的电解质。将样品加在支持介质的中部位置，在外加电场作用下，样品中带正或负电荷的粒子分别以一定的速度向电泳槽的负极或正极移动，分离成一个个清晰的区带。区带电泳按支持介质的物理性状不同，又可分为纸电泳、纤维素薄膜电泳、凝胶电泳等。

（1）纸电泳

纸电泳是最早使用的一种电泳技术，以用甲醇浸泡过的滤纸作为支持介质，将样品（蛋白质、核苷酸或氨基酸）点在滤纸上进行电泳。但是其分辨率较差，已被其他简便快速、分辨率高的电泳技术取代。

（2）纤维素薄膜电泳

纤维素薄膜电泳是用有机溶剂处理过的薄膜作为电泳支持介质，将样品点在薄膜上，在外加电场作用下，样品中不同组分因所带电荷性质和数量的差异在薄膜上以不同的速度进行移动，最终形成较为清晰的区带。

（3）凝胶电泳

凝胶电泳是以凝胶为电泳支持介质的一种电泳方法，常用的凝胶有琼脂糖凝胶和聚丙烯酰胺凝胶。凝胶电泳也是目前实验室使用频率最高的电泳技术。琼脂糖凝胶电泳常用于分离和检验核酸样品，聚丙烯酰胺凝胶常用于分离和检验蛋白质样品。在电泳之前，首先要制作一定浓度的凝胶。凝胶的浓度要根据实验目的确定，凝胶浓度不同，最终得到的电泳图谱的分辨率不同。

（三）滴定技术

滴定技术是测定样品中某组分含量的一种常用操作技术，其实验设备简单，得到了广泛应用。根据化学反应的原理不同，滴定技术可分为酸碱滴定法、络合滴定法、氧化还原滴定法和沉淀滴定法。根据滴定的方式不同，滴定技术可分为直接滴定法、返滴定法和间接滴定法。

1. 按化学反应原理分类

（1）酸碱滴定法

酸碱中和反应是酸碱滴定法的基础，酸是溶液中可以提供质子的物质，碱是溶液中可以结合质子的物质。在酸式滴定管中加入酸作为滴定剂可以测定样品中碱的含量，相反在碱式滴定管中加入碱作为滴定剂可以测定样品中酸的含量。常用的酸标准溶液是强酸（如盐酸、硝酸或硫酸），标定酸的基准物质是碳酸钠。常用的碱标准溶液是强碱（如氢氧化钠、氢氧化钾或氢氧化钡），标定碱的基准物质是邻苯二甲酸氢钾。

（2）络合滴定法

络合滴定法是以络合反应和络合平衡为基础的滴定分析方法。在络合反应中，提供配位原子的物质称为配位体，也称络合剂，分为无机络合剂和有机络合剂两大类。无机络合剂的分子或粒子大多只含有一个配位原子，络合的稳定性不高，各级络合反应进行得不完全，滴定终点的判读有一定的困难。有机络合剂通常有两个或两个以上的配位原子，其生成的络合物稳定，各级络合反应完成程度高，滴定终点的判读较容易。常用的有机络合剂为氨羧络合剂，如乙二胺四乙酸（EDTA）。

（3）氧化还原滴定法

氧化还原滴定法是以氧化还原反应中电子的转移为基础的一种滴定分析方法。参与氧化还原反应的重要物质分别是氧化剂（得到电子的物质）和还原剂（失去电子的物质）。氧化还原滴定法以氧化剂或还原剂为滴定剂，直接滴定一些具有还原性或氧化性的物质，或间接滴定一些本身并没有氧化还原性，但能与某些氧化剂或还原剂发生反应的物质。常用的氧化滴定剂有高锰酸钾、重铬酸钾、硫酸铈等；常用的还原滴定剂有亚砷酸钠、亚铁盐、抗坏血酸等。

（4）沉淀滴定法

沉淀滴定法是以沉淀反应和沉淀平衡为基础的一种滴定分析方法。应用于沉淀滴定法的沉淀反应需要满足以下条件：生成沉淀的速度快，沉淀的溶解度小，共沉淀不影响滴定结果。应用最多的沉淀反应是生成难溶盐的银量法，即利用Ag^+与卤素离子的反应来测定Cl^-、Br^-、I^-和SCN^-。比如要定量溶液中的Cl^-浓度时，先往溶液中加入一定量的铬酸根离子（CrO_4^-），然后用硝酸银（$AgNO_3$）标准溶液滴定。Ag^+与Cl^-和CrO_4^-都能生成沉淀，但由于氯化银（$AgCl$）的溶解度小于铬酸银（$AgCrO_4$），所以在滴定过程中先生成白色的$AgCl$沉淀，当Cl^-被沉淀完全后，再生成红色的铬酸银沉淀。当滴入最后半滴硝酸银标准溶液时，沉淀颜色由白色变为红色，且维持30s不变，此即为滴定终点。这样就可以根据硝酸银标准溶液的消耗量确定溶液中Cl^-的浓度。

2. 按滴定方式分类

（1）直接滴定法

直接滴定法是滴定中常用的一种方法，待滴定的物质可以直接与滴定用的标准溶液发生便于用指示剂指示的化学反应，如酸碱滴定法。

（2）返滴定法

返滴定法又叫剩余量滴定法或回滴法。滴定过程中可能出现反应物是固体或其反应速率较慢的情况，此时往往先加入过量的滴定剂，以加快反应速率，待反应完毕后，滴定剂有剩余，再用浓度已知的标准溶液滴定剩余的滴定剂。用加入的滴定剂的总量减去剩余滴定剂的量就可以得到样品消耗的滴定剂的量，进而根据化学反应计量关系得到样品的含量。

（3）间接滴定法

若样品中待测定的组分不能直接与滴定剂反应，可用间接滴定法测定其含量。这种滴定方法先通过其他反应将待测定组分转化成能与滴定剂反应的物质，然后再进行滴定。比如样品中Ca^{2+}的滴定，Ca^{2+}几乎不发生氧化还原反应，不适宜用氧化还原滴定法，Ca^{2+}生成的沉淀也没有颜色的变化，也不适宜用沉淀滴定法。但可以将Ca^{2+}与草酸根离子（$C_2O_4^{2-}$）作用形成草酸钙沉淀，过滤得到沉淀，然后用酸性的高锰酸钾标准溶液进行滴定，确定溶液中的$C_2O_4^{2-}$含量，这样就间接得到了溶液中Ca^{2+}的含量。

（四）色谱技术

色谱技术是一种利用混合物中各组分物理化学性质的差异使各组分在两相中以不同程度分配，借此将各组分分离的技术。色谱技术中，两相为固定相和流动相，可利用的各组分物理化学性质包括吸附作用、分子形状及大小、分子亲和力、分配系数等。

1. 按两相所处状态的差异分类

流动相有液相和气相两种状态，固定相有固体和液体两种状态，所以按两相所处状态的差异，色谱技术可分为液-液色谱法、液-固色谱法、气-液色谱法和气-固色谱法四种。

2. 按色谱原理分类

（1）吸附色谱法

固定相为吸附剂，利用混合物中各组分与吸附剂间吸附作用大小的差异而实现分离的色谱方法。

（2）分配色谱法

在固定相和流动相同时存在的溶剂系统中，混合物中各组分在这两相中的溶解度不同，造成分配系数的差异，从而达到分离的目的。

（3）离子交换色谱法

固定相为离子交换剂，在特定的缓冲液环境中，样品中不同组分带有不同数量的电荷，流经固定相时，因这些组分与固定相的静电作用存在差异，从而实现分离。

（4）凝胶过滤色谱法

固定相为具有三维网格状结构的凝胶分子，由于样品中不同组分颗粒大小的差异，大分子颗粒先流出，小分子颗粒后流出，从而达到各组分分离的目的。

（5）亲和色谱法

亲和色谱法为分辨率很高的色谱技术，利用了抗原和抗体特异性结合的原理。固定相为结合了配体分子的填充物，当混合样品流经固定相时，能与配体分子发生特异性结合的组分留在色谱柱中，达到分离的效果。

3. 按固定相固定方式的差异分类

（1）柱色谱法

固定相装在色谱柱中，色谱分离时样品从色谱柱的顶端流向尾端。

（2）纸色谱法

固定相为滤纸，流动相一般为有机溶剂。色谱分离时将样品点在滤纸上，当流动相沿着滤纸流动经过样品位置时，样品在两相中分配。

（3）薄层色谱法

固定相为具有一定黏度的固液混合物，将其均匀涂布在玻璃薄板上，干燥后即为固定相。色谱分离时将样品点在固定相上，当流动相沿着玻璃薄板流动经过样品时，样品在两相中分配，实现分离。

4. 根据流动相、固定相极性的差异分类

（1）正相色谱法

正相色谱法中流动相的极性小于固定相，样品中非极性或极性小的组分随流动相移动的速度快，先从色谱柱中流出来，而极性大的组分移动速度慢，后流出。

（2）反相色谱法

反相色谱法中流动相的极性大于固定相，样品中非极性或极性小的组分在固定相中停留时间长，后从色谱柱中流出来，而极性大的组分随着流动相快速移动，先从色谱柱中流出。

第三节　生物化学实验报告书写规范

一、生物化学实验记录

生物化学实验记录是写好一份实验报告的基础，在记录中要明确实验目的、实验原理等内容，做到对实验报告中每一项都有清楚的认识。

（1）学生在实验前必须做好预习及准备工作，明确实验目的，了解实验原理，知晓实验操作的设计，能够将实验报告中对应的内容填写完整，预填内容可作为完成实验时的参考。实验前要提前准备的耗材和试剂，应在老师的指导下完成领取和配制工作。

（2）准备一本实验记录本。在实验的过程中需要记录实验条件、仪器的名称和型号、化学试剂的浓度和pH、实验中观察到的现象、实验中测定的数据等，以及在实验中相互讨论的结果。

二、数据处理

（一）表格

实验中经常用表格记录实验结果，简洁明了。实验数据表格如表1-1所示。实验报告中表格应有表号、表题和表头。

表 1-1　吸光度值-蛋白质溶液标准曲线加样表

管号	1	2	3	4	5	6
1mg/mL 标准蛋白质溶液/mL	0	0.2	0.4	0.6	0.8	1.0
蒸馏水/mL	1.0	0.8	0.6	0.4	0.2	0
考马斯亮蓝溶液/mL	4.0	4.0	4.0	4.0	4.0	4.0
混匀后，以1号试管为对照，测定其他各管在595nm处的吸光度值						
A_{595}						

（二）绘图

实验中数据之间相互影响的关系通常以图的形式展现，自行设置的变量被称为自变量，随之发生变化的未知量或待测量被称为因变量。在坐标轴上，横坐标（x轴）上分布自变量的梯度值，纵坐标（y轴）用于记录因变量的梯度值。通过横、纵坐标可以确定点的位置。

图像可以用 Excel 表格绘制或用坐标纸绘制。如图 1-10 所示，以蛋白质溶液标准曲线为例，绘制时应尽可能地将所有的点均匀分布在直线的两侧。实验报告中的图要求有横、纵坐标的表示，要有图号和图题。

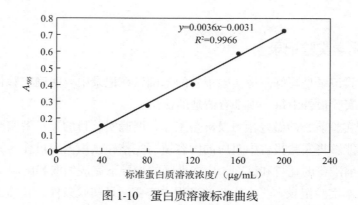

图 1-10　蛋白质溶液标准曲线

（三）图谱

色谱技术或电泳技术的结果直接以图谱的形式展示。实验报告中此类结果可以用拍摄的原图，或者画模式图。模式图在绘制时要求按照原图的位置和形状表示，图谱上该标注的样品名称或条带大小均需标注（图 1-11）。图谱同样需要图号和图题。

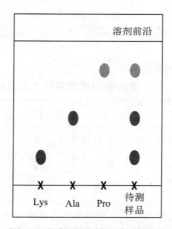

图 1-11　氨基酸的纸色谱图谱

三、生物化学基础性实验报告

学生在实验完成后，要对预习时预填的内容进行补充和修订，及时整理实验数据，分析实验结果，总结实验中遇到的问题和得出的结论，完成实验报告的撰写。生物化学基础性实验报告示例如下。

实验项目名称
姓名：　　　　　班级：　　　　　实验日期：
一、实验目的
二、实验原理
三、实验仪器、试剂和材料
四、实验操作流程
五、实验结果
六、思考题

四、生物化学综合性实验报告

综合性实验较基础性实验复杂，它一般是多个基础性实验内容的整合。综合性实验会涉及多种物质的分离提取或鉴定，或涉及多种方法之间的相互比较等，目的是让学生掌握分析问题的能力。显然，综合性实验报告需要在基础性实验报告的基础上稍作变动，使其符合综合性实验的目的。综合性实验报告的基本格式与基础性实验报告一致，在实验结果部分需要根据综合性实验的要求分项记录、描述与分析，并提出实验的改进措施。

五、生物化学设计性实验报告

设计性实验对学生的要求更加严格，设计性实验与学生的毕业论文有相似之处，可以说是一篇微型的毕业论文。设计性实验要求学生根据实验内容，查阅相关的专业性文献，提出自己的实验方案，自行设计实验流程，确定所需实验试剂及其浓度，有时还需要对实验中的部分参数进行多水平的考察，确定出最佳的实验程序。设计性实验需要学生以小组为单位完成，考查学生的分析问题能力、解决问题能力、创新能力和协作能力。基于设计性实验的培养目标，基础性实验报告的格式显然已不适用，设计性实验报告格式如下：

实验项目名称
姓名：　　　小组成员：　　　班级：　　　实验日期：
一、实验摘要及关键词
二、实验研究背景
三、实验材料
四、实验方法
五、实验结果
六、实验讨论
七、参考文献

第二章 蛋白质

基础性实验类

实验一 纸色谱法分离鉴定氨基酸

【实验目的】
1. 通过氨基酸的分离和鉴定，了解色谱法的分类和原理。
2. 掌握纸色谱法的基本原理及操作方法。
3. 学习未知样品的氨基酸成分分析的方法。

【实验原理】

色谱技术操作简便，样品用量可大可小，既可用于实验室分离分析，又适用于工业生产中产品的分析制备，现已成为生物化学、分子生物学、生物工程等学科广泛应用而又必不可少的分析工具之一。

根据所用的支持介质及其理化性质的不同可将色谱法分成三类：用固体吸附剂作支持介质的吸附色谱法；用吸附了某种溶剂的固体物质（如滤纸）作支持介质的分配色谱法；用表面所含离子能与溶液中的离子进行交换的固体物质作支持介质的离子交换色谱法。纸色谱法属于分配色谱法中的一种。

分配色谱法是利用不同的物质在两个互不相溶的溶剂中的分配系数不同而使之分离的方法。将分配色谱法中的一种溶剂设法固定在一个柱内，再用另外一种溶剂来冲洗这个固定柱，同样可达到将不同物质分离的目的。其中，固定在柱内的液体称为固定相，用于冲洗的液体叫作流动相。为了使固定相固定在柱内，需要有一种固体物质把它吸牢，这种固体物质本身对分离无作用，对溶质也几乎没有吸附能力，称为支持介质。进行分离时由于被分离物质的各组分在两相中的分布不同，因此当流动相移动时，不同组分移动的速度也不相同。易溶于流动相中的组分移动速度快，在固定相中溶解度大的组分移动速度慢，结果得以分离。

显然，分配色谱法中不同物质的分离取决于其在两相（固定相和流动相）间的分配系数。分配系数（α）的定义是：

$$\alpha = \frac{溶质在固定相的浓度(C_S)}{溶质在流动相的浓度(C_L)}$$

纸色谱法是以滤纸作为惰性支持介质的分配色谱法。滤纸的成分是纤维素，其—OH基为亲水性基团，可吸附一层水或其他溶剂作为固定相（S）。通常把有机溶剂作为流动相（L）。将样品（被分离物）点在滤纸的一端后，该物质溶解在吸附于支持介质上的水分子或其他溶剂分子的固定相中，使有机溶剂作为流动相自上而下移动，称为下行色谱法；反之，使有机溶剂自下而上移动，称为上行色谱法。流动相流经支持介质时即可与固定相对样品进行连续的抽提，物质在两相间不断分配从而得到分离。纸色谱法的原理还可进一步解释如下：把滤纸看成一个色谱柱，后者由多个连续的微板层构成，与溶剂饱和水组成固定相；把某有机溶剂用作流动相。向第一层流动相中加入分配系数不同的单位量A、B两物质后，各溶质即可根据一定的分配系数在两相中进行分配，而随着流动相继续向下层移动，各层固定相与新流下的流动相之间会不断进行新一轮的分配。如此继续抽提下去，A、B两物质就可以被完全分开。显然，各物质分配系数相差越大，则越易分离。

物质分离后在图谱上的位置可用比移值（R_f）来表示，R_f值的定义是从溶质色谱的起点（原点）到色谱斑点中心的垂直距离与从原点到溶剂流动前沿的垂直距离的比值：

$$R_f = \frac{原点到色谱斑点中心的垂直距离}{原点到溶剂前沿的垂直距离}$$

两相体积比在同一实验情况下是不变的，所以R_f值的主要决定因素是分配系数（α）。由于每一物质在一定条件下α值是固定的，因此R_f值为其特征常数，可作为定性鉴定的参考数值。

【实验试剂与仪器】

1. 实验试剂

展开剂：将20mL正丁醇和5mL冰醋酸放入分液漏斗中，与15mL水混合，充分振荡，静置后分层，放出下层水层。

氨基酸溶液：1%赖氨酸溶液、1%脯氨酸溶液、1%缬氨酸溶液、1%苯丙氨酸溶液，以及它们的混合溶液（各组分浓度为1%）。

显色剂：0.1%水合茚三酮-正丁醇溶液。

2. 实验仪器

展开缸，毛细管，喷雾器，色谱滤纸，吹风机，分液漏斗，铅笔，尺，剪刀，订书机。

【实验操作流程】

1. 色谱用滤纸的准备

戴上手套,取一张提前剪好的色谱滤纸(28cm×24cm),在纸的一端距边缘2~3cm处用铅笔画一直线,在直线上每隔2cm做一记号,作为点样点。

2. 点样

将准备好的滤纸平铺在实验台上,用毛细管蘸取各氨基酸溶液样品,垂直于滤纸轻轻碰触点样点处的中心,这时样品自动流出。将点样的扩散直径控制在0.5cm之内,点样需点两次。点样过程中必须在第一次滴加的样品干后再进行第二次点样,为使样品加速干燥,可使用吹风机吹干。

3. 展开

用订书机将滤纸订成筒状,纸的两边不能接触。将滤纸直立于展开缸中。待溶剂上升15~20cm时取出滤纸,用铅笔描出溶剂前沿(此即为溶剂前沿),滤纸自然干燥或用热风吹干。

4. 显色

用喷雾器均匀喷上0.1%水合茚三酮-正丁醇溶液,然后置于烘箱中烘烤5min(100℃)或用热风吹干即可显示出各色谱斑点。

5. 计算R_f值

用直尺分别测量显色斑点的中心与原点(点样中心)之间的距离(L_1)和原点到溶剂前沿的距离(L_2),求出L_1与L_2的比值,即得某特定氨基酸的R_f值。依据各标准氨基酸的色谱斑点位置可推断混合样品中含有哪些成分。

【注意事项】

1. 点样量要合适,若样品点得太浓,斑点易扩散或拉长,以致分离不清。两次点样的中心点要落在同一点上。相邻两点的扩散不能有交叉。

2. 点样线的高度要高于展开缸中液面的高度,色谱分离过程中不能随意移动展开缸。

3. 使用茚三酮显色法时应在整个色谱分离操作中避免用手直接接触色谱滤纸,因为手上常常有少量含氮物质,显色时含氮物质会呈现紫色斑点而污染色谱分离结果,因此操作时应戴一次性手套或指套。同时也要注意防止空气中氨的污染。

4. 为了鉴定未知样品中某几种氨基酸的存在,仅用一种溶剂系统展开通常是不够的。一般应采用2~3种溶剂系统展开,显色后再分别与这些溶剂系统的标准氨基酸图谱比较以相互印证,才能得出比较确切的结论。

【思考题】

1. 为什么在展开时有时用一种溶剂系统,而有时用两种溶剂系统?

2. 酸性溶剂系统（或碱性溶剂系统）对氨基酸极性基团的解离有何影响？

3. 如果滤纸上点上 1μL 0.02mol/L 的甘氨酸（分子量为 75）溶液，请问实际上点了多少微克的氨基酸？

4. 该实验中有哪些因素可能会影响到氨基酸的色谱分离结果？

实验二　蛋白质的性质实验

【实验目的】

1. 了解蛋白质和某些氨基酸的呈色反应原理。
2. 学习几种常用的鉴定蛋白质和氨基酸的方法。
3. 加深对蛋白质理化性质的认识，了解沉淀蛋白质的方法及其实用意义。
4. 学习测定蛋白质等电点的方法。

【实验原理】

1. 呈色反应

（1）双缩脲反应

将尿素加热至180℃左右，会生成双缩脲（缩二脲）并放出一分子氨（图2-1）。双缩脲在碱性环境中能与Cu^{2+}结合生成紫红色化合物，此反应称为双缩脲反应。蛋白质分子中存在肽键，其结构与双缩脲相似，也能发生此反应。因此双缩脲反应可用于蛋白质的定性或定量测定。一切蛋白质或二肽以上的多肽都可发生双缩脲反应，但会发生双缩脲反应的物质不一定都是蛋白质或多肽。

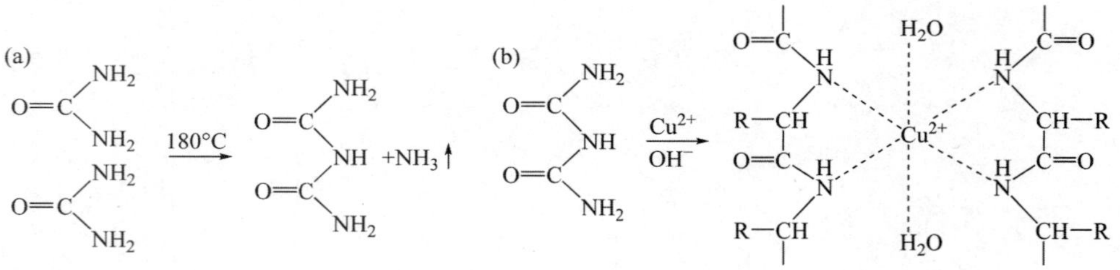

图2-1　双缩脲反应机理

（a）双缩脲物质的生成；（b）双缩脲反应的产物

（2）茚三酮反应

除脯氨酸、羟脯氨酸和茚三酮反应产生黄色物质外，所有α-氨基酸及一切蛋白质都能和茚三酮反应生成蓝紫色物质。茚三酮反应分为两步：第一步是氨基酸被氧化形成CO_2、NH_3和醛，水合茚三酮被还原成还原型茚三酮；第二步是所形成的还原型茚三酮同另一个水合茚三酮分子和氨缩合生成有色物质（图2-2）。该反应十分灵敏，是一种常用的氨基酸定量测定方法。

β-丙氨酸、氨和许多一级胺都能和茚三酮反应，产生颜色变化。尿素、马尿酸、二酮吡嗪和肽键上的亚氨基则不呈现此反应。因此，虽然蛋白质和氨基酸均可发生茚三酮反应，但能与茚三酮反应产生颜色变化的不一定就是蛋白质或氨基酸。在定性、定量测定中，应严防干扰物存在。

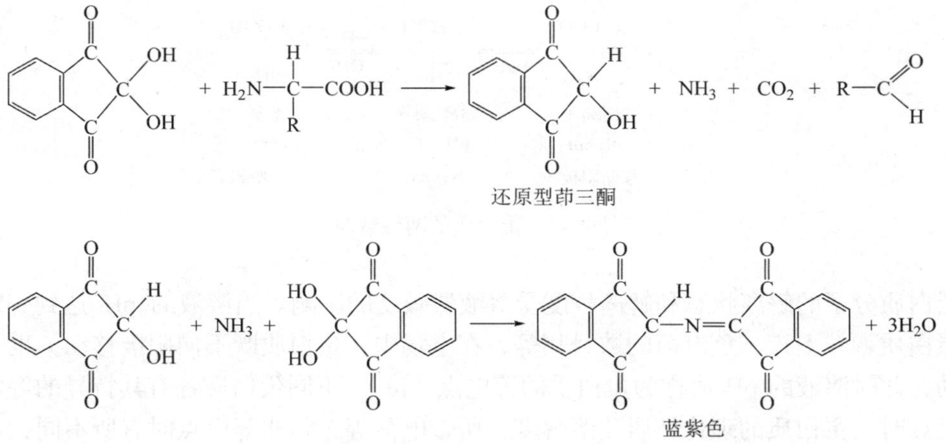

图 2-2　茚三酮反应机理

（3）黄色反应

含有苯环结构的氨基酸，如酪氨酸和色氨酸，遇硝酸后，可被硝化成黄色物质，该化合物在碱性溶液中进一步形成深橙色的硝醌酸钠。多数蛋白质分子含有带苯环的氨基酸，所以可发生黄色反应，而苯丙氨酸不易硝化，需加入少量浓硫酸才能出现黄色反应。

2. 蛋白质的沉淀反应

在水溶液中，蛋白质分子由于表面生成水化层和双电层而成为稳定的亲水胶体颗粒，在一定的理化因素影响下，蛋白质颗粒可因失去电荷和脱水而沉淀。

蛋白质的沉淀反应可分为两类。

①可逆的沉淀反应：此时蛋白质分子的结构尚未发生显著变化，除去引起沉淀的因素后，蛋白质的沉淀仍能溶解于原来的溶剂中，并保持其天然性质而不变性。如大多数蛋白质的盐析作用或在低温下用乙醇（或丙酮）短时间作用于蛋白质。提纯蛋白质时，常利用此类反应。

②不可逆的沉淀反应：此时蛋白质分子内部结构发生重大改变，蛋白质常发生变性而沉淀，不再溶于原来的溶剂中。加热引起的蛋白质沉淀与凝固、蛋白质与重金属离子或某些有机酸的反应都属于此类反应。

蛋白质变性后，有时由于维持溶液稳定的条件仍然存在（如电荷）并不析出。因此变性蛋白质并不一定都表现为沉淀，而沉淀的蛋白质也未必都已变性。

3. 等电点的测定

蛋白质是两性电解质，在蛋白质溶液中存在下列平衡（图 2-3）：

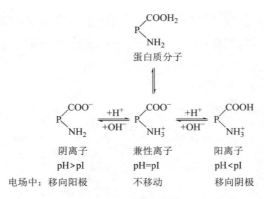

图 2-3 蛋白质的两性解离

蛋白质分子的解离状态和解离程度受溶液酸碱度的影响。当溶液的 pH 达到一定数值时，蛋白质颗粒上正、负电荷的数目相等，在电场中，蛋白质既不向阴极移动，也不向阳极移动，此时溶液的 pH 值称为蛋白质的等电点（pI）。不同蛋白质各有其特异的等电点。在等电点时，蛋白质的理化性质（溶解度、所带电荷等）与非等电点时有所不同，可利用蛋白质理化性质的变化测定各种蛋白质的等电点，其中最常用的方法是测定蛋白质溶解度最低时的溶液 pH 值。

本实验通过观察酪蛋白在不同 pH 溶液中的溶解度来测定其等电点。用醋酸与醋酸钠（醋酸钠混合在酪蛋白溶液中）配制成各种不同 pH 值的缓冲液。向这些缓冲液中加入酪蛋白后，沉淀出现最多的缓冲液的 pH 值即为酪蛋白的等电点。

【实验试剂与仪器】

1. 实验试剂

（1）呈色反应

①双缩脲反应：尿素，10%氢氧化钠溶液，1%硫酸铜溶液，卵白蛋白溶液。

②茚三酮反应：新鲜鸡蛋清溶液（蛋清：水 = 1:9），0.5%甘氨酸溶液，0.1%茚三酮水溶液，0.1%茚三酮-乙醇溶液。

③黄色反应：新鲜鸡蛋清溶液，大豆提取液（将大豆浸泡至充分吸胀后，研磨成浆状用纱布过滤），头发，指甲，0.5%苯酚溶液，浓硝酸，0.3%色氨酸溶液，0.3%酪氨酸溶液，10%氢氧化钠溶液。

（2）蛋白质的沉淀反应

新鲜鸡蛋，蛋白质溶液，新鲜鸡蛋清溶液，饱和硫酸铵溶液，3%硝酸银溶液，5%三氯乙酸溶液，95%乙醇，硫酸铵结晶粉末。

（3）等电点的测定

0.4%酪蛋白-醋酸钠溶液：取 0.4g 酪蛋白，加少量水在研钵中仔细地研磨，将所得的蛋白质悬液移入 200mL 锥形瓶内，用少量 40~50℃的温水洗涤研钵，将洗涤液也移入锥形瓶内。加入 10mL 1mol/L 醋酸钠溶液。把锥形瓶放到 50℃水浴中，并小心地旋转锥形瓶，直到酪蛋白完全溶解为止。将锥形瓶内的溶液全部移至 100mL 容量瓶内，加水至刻度线，塞紧玻璃塞，混匀。

不同浓度的醋酸溶液：0.01mol/L 醋酸溶液，0.1mol/L 醋酸溶液，1.00mol/L 醋酸溶液。

2.实验仪器

试管及试管架，酒精灯，恒温水浴锅，温度计，200mL 锥形瓶，100mL 容量瓶，吸管，乳钵，研钵。

【实验操作流程】

1.呈色反应

（1）双缩脲反应

①取少量尿素结晶，放在干燥试管中。用微火加热使尿素熔化。熔化的尿素开始硬化时，停止加热，尿素放出氨，生成双缩脲。冷却后，向试管中加入约 1mL 10%氢氧化钠溶液，振荡混匀，再加入 1 滴 1%硫酸铜溶液，再振荡。观察试管内出现的粉红色。要避免添加过量硫酸铜，否则，生成的蓝色氢氧化铜能掩盖粉红色。

②向另一试管中加入约 1mL 卵白蛋白溶液和约 2mL 10%氢氧化钠溶液，摇匀，再加入 2 滴 1%硫酸铜溶液，随加随摇。观察玫瑰紫色的出现。

（2）茚三酮反应

①取 2 支试管分别加入 1mL 蛋白质溶液和 1mL 甘氨酸溶液，再各加 0.5mL 0.1%茚三酮水溶液，混匀，在沸水浴中加热 1~2min，观察颜色由粉色变紫红色再变蓝色。

②在一小块滤纸上滴加一滴 0.5%甘氨酸溶液，风干后再在原处滴加一滴 0.1%茚三酮-乙醇溶液，在微火旁烘干显色，观察紫红色斑点的出现。

（3）黄色反应

分别按表 2-1 向 7 个试管中加入试剂，观察各试管出现的现象，有的试管内反应较慢，可略放置或用微火加热。待各试管出现黄色后，于室温下逐滴加入 10%氢氧化钠溶液至碱性，观察颜色变化。

表 2-1 黄色反应用量表

管号	1	2	3	4	5	6	7
材料及用量	鸡蛋清溶液 4滴	大豆提取液 4滴	指甲少许	头发少许	0.5%苯酚溶液	0.3%色氨酸溶液	0.3%酪氨酸溶液
浓硝酸/滴	2	2	40	40	4	4	4
现象							

2.蛋白质的沉淀反应

（1）蛋白质的盐析

取 5mL 蛋白质溶液于试管中，加入等体积的饱和硫酸铵溶液，混匀后静置数分钟则析出球蛋白沉淀。倒出少量混浊沉淀，加少量水，观察沉淀是否溶解，为什么？将试管内容物过滤，向滤液中添加硫酸铵粉末到不再溶解为止。此时析出的沉淀为白蛋白。取出部分白蛋白，加少量蒸馏水，观察沉淀是否溶解。

（2）重金属离子沉淀蛋白质

重金属离子会与蛋白质结合成不溶于水的复合物。取 1 支试管，加入 2mL 蛋白质溶液，再加 1~2 滴 3%硝酸银溶液，振荡试管，有沉淀产生。放置片刻，倾倒上清液，向沉淀中加入少量的水，观察沉淀是否溶解，为什么？

（3）某些有机酸沉淀蛋白质

取 1 支试管，加入 2mL 蛋白质溶液，再加入 1mL 5%三氯乙酸溶液，振荡试管，观察沉淀的生成。放置片刻，倾倒出上清液，向沉淀中加入少量水，观察沉淀是否溶解。

（4）有机溶剂沉淀蛋白质

取 1 支试管，加入 2mL 蛋白质溶液，再加入 2mL 95%乙醇。观察沉淀的生成（如果沉淀不明显，加入少量 NaCl，混匀）。

3. 等电点的测定

①取 5 支相同规格的试管，分别标号（1）、（2）、（3）、（4）、（5），按表 2-2 中顺序分别精确地加入各试剂，然后混匀。

表 2-2　不同 pH 溶液的配制

管号	0.01mol/L 醋酸溶液/mL	0.10mol/L 醋酸溶液/mL	1.00mol/L 醋酸溶液/mL	蒸馏水/mL
（1）	0.62			8.38
（2）		0.25		8.75
（3）		1.00		8.00
（4）		4.00		5.00
（5）			1.60	7.40

此时（1）、（2）、（3）、（4）、（5）试管的 pH 依次为 5.9、5.3、4.7、4.1、3.5。

②向以上试管中各加入 1mL 酪蛋白的醋酸钠溶液，加一管，摇匀一管。观察其浑浊度。静置 10min 后，再观察其浑浊度。最混浊的一管的 pH 即为酪蛋白的等电点。

【注意事项】

1. 球蛋白可在半饱和硫酸铵溶液中析出，而白蛋白则在饱和硫酸铵溶液中才能析出。
2. 由盐析获得的蛋白质沉淀，当降低盐类浓度时，蛋白质沉淀又能再溶解，故蛋白质的盐析作用是可逆过程。
3. 茚三酮反应的适宜 pH 为 5~7，同一浓度的蛋白质或氨基酸溶液在不同 pH 条件下的颜色深浅不同，酸度过大时甚至不显色。
4. 为了减少误差，添加试剂最好用微量移液器或移液管，不能用量筒量取。

【思考题】

1. 茚三酮反应的阳性结果是否经常是同一色调？并说明原因。
2. 能否利用茚三酮反应可靠地鉴定蛋白质的存在？
3. 沉淀蛋白质的方法有哪些？
4. 蛋白质分离常用的沉淀方法是什么？为什么用这种方法？

实验三　考马斯亮蓝 G-250 法测定蛋白质含量

【实验目的】

1. 掌握考马斯亮蓝 G-250 法测定蛋白质含量的原理及方法。
2. 掌握分光光度计的结构原理及仪器操作方法。

【实验原理】

考马斯亮蓝法是利用蛋白质-染料结合的原理，定量地测定蛋白质浓度的一种方法。考马斯亮蓝 G-250 存在着两种不同的颜色形式：红色和蓝色。考马斯亮蓝 G-250 在酸性游离状态下呈棕红色，最大光吸收出现在 465nm 处，当它与蛋白质结合后会变为蓝色，最大光吸收出现在 595nm 处。在一定的蛋白质浓度范围内，蛋白质-染料复合物在波长为 595nm 处的吸光度与蛋白质含量成正比，因此可用于蛋白质的定量测定。

蛋白质与考马斯亮蓝 G-250 的结合在 2min 左右的时间内达到平衡，反应十分迅速，其结合物在室温下 1h 内保持稳定。蛋白质-染料复合物具有很高的吸光系数，使得在测定蛋白质浓度时灵敏度很高，可测微克级蛋白质含量。

【实验试剂与仪器】

1. 实验试剂

标准蛋白质溶液：称取 10mg 牛血清白蛋白，溶于蒸馏水并定容至 100mL，制成 100μg/mL 牛血清白蛋白溶液。

考马斯亮蓝 G-250 溶液：称取 100mg 考马斯亮蓝 G-250，溶于 50mL 90%乙醇中，加入 100mL 85%磷酸，最后用蒸馏水定容到 1000mL。

鸡蛋清溶液：取 1mL 鸡蛋清，用蒸馏水定容至 50mL。

2. 实验仪器

电子天平，试管，试管架，移液管，容量瓶，722S 型分光光度计。

【实验操作流程】

1. 标准曲线绘制

按表 2-3 所示取 6 支规格一致的试管，依次加入各溶液后立即摇匀，于室温下放置 5min，然后测各管的光密度（OD），以 OD 值为纵坐标，蛋白质浓度为横坐标绘制标准曲线。

表 2-3 制作标准曲线加样表

编号	1	2	3	4	5	6
标准蛋白质溶液/mL	0.0	0.2	0.4	0.6	0.8	1.0
ddH$_2$O/mL	1.0	0.8	0.6	0.4	0.2	0.0
考马斯亮蓝 G-250 溶液/mL	5.0	5.0	5.0	5.0	5.0	5.0
OD 值						

2. 样品测定

向试管中加入 1.0mL 自制蛋白质样品，再加入 5.0mL 考马斯亮蓝 G-250 溶液，摇匀，放置 5min 后，在 595nm 波长下测定并记录 OD 值。根据所测 OD 值，从标准曲线上查得蛋白质含量（μg），按下式计算样品中的蛋白质含量：

$$样品蛋白质含量（μg/g 鲜重）= \frac{查得的蛋白质含量（μg）\times 提取液总体积（mL）}{样品鲜重（g）\times 测定时取用的提取液体积（mL）}$$

【注意事项】

1. 如果测定要求很严格，可以在加入试剂后的 5～20min 内测定光密度，因为在这段时间内颜色是最稳定的。比色反应需在 1h 内完成。

2. 测定过程中，蛋白质-染料复合物会有少部分吸附于比色皿壁上，实验证明此复合物的吸附量是可以忽略的。测定完成后可用乙醇将蓝色的比色皿洗干净。

【思考题】

1. 简述如何使用分光光度计。
2. 蛋白质含量的测定方法还有哪些？
3. 考马斯亮蓝法有哪些优点？

实验四 紫外-可见吸收光谱法测定蛋白质含量

【实验目的】

1. 学习紫外-可见吸收光谱法测定蛋白质含量的原理。
2. 掌握紫外-可见吸收光谱法测定蛋白质含量的实验技术。
3. 掌握紫外-可见分光光度计的使用原理及方法。

【实验原理】

紫外-可见吸收光谱法，又称紫外-可见分光光度法，是以溶液中物质分子对光的选择性吸收为基础而建立起来的一类分析方法，主要研究分子在 190～750nm 波长范围内的吸收光谱。紫外-可见吸收光谱是分子的外层价电子跃迁的结果，其吸收光谱为分子光谱，是带状光谱。

基于紫外-可见吸收光谱法的分析可分为定性分析和定量分析两种。定性分析是将未知纯化合物的吸收光谱特征，如吸收峰的数目、位置、相对强度以及吸收峰的形状，与已知纯化合物的吸收光谱进行比较。紫外-可见吸收光谱法进行定量分析的依据是朗伯-比尔定律：$A = \lg I_0/I = \varepsilon bc$。当入射光波长（$\lambda$）及光程（$b$）一定时，在一定浓度范围内，有色物质的吸光度（$A$）与该物质的浓度（$c$）成正比，即物质在一定波长处的吸光度与它的浓度成线性关系。因此，通过测定溶液对一定波长入射光的吸光度，就可求出溶液中物质的浓度和含量。由于物质在最大吸收波长（λ_{max}）处的摩尔吸收系数最大，通常都是测量 λ_{max} 处的吸光度，以获得最大灵敏度。

光度分析时，分别将空白溶液和待测溶液装入厚度为 b 的两个吸收池中，让一束一定波长的平行单色光分别照射空白溶液和待测溶液，以通过空白溶液的透光度为 I_0，通过待测溶液的透光度为 I，根据朗伯-比尔定律，由仪器直接给出的 I_0 与 I 之比的对数值即吸光度。

紫外-可见吸收光谱法所采用的仪器为紫外-可见分光光度计，它的主要部件由五个部分组成，即

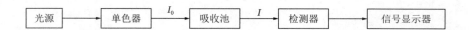

由光源发出的复合光经过单色器分光后即可获得任一所需波长的平行单色光，该单色光通过吸收池经样品溶液吸收后，通过光照到光电管或光电倍增管等检测器上产生光电流，产生的光电流由信号显示器直接显示吸光度（A）。可见光区采用钨灯光源、玻璃吸收池；紫外光区采用氘灯光源、石英吸收池。

本实验采用紫外-可见吸收光谱法测定蛋白质含量。蛋白质中酪氨酸和色氨酸残基的苯环含有共轭双键，因此，蛋白质具有吸收紫外光的性质，其最大吸收峰位于280nm附近（不同的蛋白质吸收波长略有差别）。在最大吸收波长处，吸光度与蛋白质溶液的浓度的关系服从朗伯-比尔定律。该测定方法具有简单、灵敏、快速、高选择性，稳定性好，干扰易消除、不消耗样品，低浓度的盐类不干扰测定等优点。

【实验试剂与仪器】

1. 实验试剂

标准牛血清白蛋白（BSA）溶液（5.00mg/mL）：称取0.5g BSA，加少量蒸馏水溶解，最终定容至100mL，即得。

0.9%NaCl溶液，待测蛋白质溶液。

2. 实验仪器

TU-1901紫外-可见分光光度计，比色管、比色皿、比色杯，微量加样器。

【实验操作流程】

1. 准备工作

①启动计算机，打开主机电源开关，启动工作站并初始化仪器。

②在工作界面上选择测量项目（光谱扫描、光度测量），本实验选择光度测量，设置测量条件（测量波长等）。

③将空白溶液放入测量池中，点击"START"扫描，点击"ZERO"调零。

2. 测量工作

①吸收曲线的绘制：用吸量管吸取2mL 5.00mg/mL标准蛋白质溶液于10mL比色管中，用0.9%NaCl溶液稀释至刻度线，摇匀。用1cm石英比色皿，以0.9%NaCl溶液为参比，测量溶液在190~400nm的吸光度。

②标准曲线的制作：用吸量管分别吸取0.5mL、1.0mL、1.5mL、2.0mL、2.5mL 5.00mg/mL标准蛋白质溶液于5只10mL比色杯中，用0.9%NaCl溶液稀释至刻度线，摇匀。用1cm石英比色皿，以0.9%NaCl溶液为参比，分别测定各标准溶液在280nm处的吸光度A_{280}，记录所得读数。

③样品测定：取3mL待测蛋白质溶液，按上述方法测定其在280nm处的吸光度。平行测定三份。

3. 数据处理

①以波长为横坐标，吸光度为纵坐标，绘制吸收曲线，找出最大吸收波长。

②以标准蛋白质溶液浓度为横坐标，吸光度为纵坐标，绘制标准曲线。

③根据待测蛋白质溶液的吸光度，从标准曲线上查出待测蛋白质的浓度。

【注意事项】

1. 绘制标准曲线时，要准确配制标准蛋白质溶液的浓度；所有的点要均匀地分布在标准曲线的两侧。

2. 测量吸光度时，比色皿要保持洁净，切勿用手玷污其光面；测量前应用擦镜纸擦拭比色皿的光面。

3. 石英比色皿比较贵重，使用时要小心。

【思考题】

1. 紫外-可见吸收光谱法测定蛋白质含量的方法有何优缺点？受哪些因素的影响和限制？

2. 用紫外-可见吸收光谱法还可以测定哪些物质的含量？

实验五　血清蛋白质的乙酸纤维素薄膜电泳

【实验目的】

1. 学习乙酸纤维素薄膜电泳的基本原理。
2. 了解乙酸纤维素薄膜电泳的操作技术。
3. 掌握电泳分离血清蛋白质及其定性定量的方法。

【实验原理】

带有电荷的颗粒在电场中向与其电荷相反方向的电极移动的现象，称为电泳（electrophoresis）。带电颗粒在电场中的移动方向和迁移速度取决于颗粒自身所带电荷的性质、电场强度、溶液的pH值等因素。

蛋白质分子是两性电解质，在溶液中可解离的基团除了末端的α-氨基和α-羧基外，还有侧链上的许多基团。由于解离基团的差异，不同的蛋白质具有不同的等电点。当溶液的pH值小于蛋白质的等电点时，蛋白质为正离子，在电场中向阴极移动；当溶液的pH值大于蛋白质的等电点时，蛋白质为负离子，在电场中向阳极移动。

一个混合的蛋白质样品中，由于各蛋白质的等电点不同，在同一pH值溶液中其带电性质、电荷数目各不相同，再加上它们的分子颗粒大小、形状不一，因此在电场中各种蛋白质泳动的方向和速度也不同，从而可使混合样品中的各蛋白质得以分离。

目前应用最广泛的电泳方法是区带电泳。乙酸纤维素薄膜电泳是以乙酸纤维素薄膜为支持介质的一种区带电泳。乙酸纤维素（二乙基纤维素）薄膜具有均一的泡沫状结构（厚约120μm），渗透性强，对分子移动无阻力，用它作为区带电泳的支持介质，具有样品用量少、图谱清晰、电泳时间短（约45～60min）、灵敏度高（5μg/mL 蛋白质即可检出）、可准确定量等优点，在各种生物分子的分离、临床检验及免疫电泳等方面已得到广泛使用。

人血清中含有数种蛋白质，其等电点（pI）大都在8.6以下，将样品点在薄膜上，在pH 8.6的缓冲液中电泳时，因为各蛋白质都带有负电荷，在电场中都向正极移动。电泳后，用氨基黑10B溶液染色，经脱色液处理除去背景染料，可得到背景无色的各蛋白质电泳图谱。由正极到负极依次为：白蛋白、α_1-球蛋白、α_2-球蛋白、β-球蛋白、γ-球蛋白。各蛋白质的含量可用光密度计直接测定，或用洗脱法进行比色测定。

本实验以乙酸纤维素薄膜为电泳支持介质，分离牛血清中各蛋白质。牛血清样品在pH 8.6的缓冲体系中电泳，染色后可显示3条区带。白蛋白泳动最快，其余依次是α_1-球蛋白、α_2-球蛋白。

【实验试剂与仪器】

1. 实验试剂

巴比妥-巴比妥钠缓冲液（pH 8.6，离子强度0.075）：取2.76g 巴比妥和15.4g 巴比妥钠，溶于蒸馏水中，稀释定容至1000mL，即得。

染色液（氨基黑10B溶液）：取0.5g氨基黑10B，加40mL蒸馏水、50mL甲醇和50mL冰乙酸，混匀，即得，可重复使用。

漂洗液：取45mL乙醇、5mL冰乙酸、50mL蒸馏水，混匀，即得。

透明液：取70mL无水乙醇、30mL冰乙酸，混匀，即得。

浸出液：0.4mol/L NaOH溶液。

2. 实验仪器

电泳仪，电泳槽，载玻片（厚约1mm），滤纸，镊子，可见分光光度计或光密度计，乙酸纤维素薄膜，牛血清。

【实验操作流程】

1. 薄膜的处理

①将乙酸纤维素薄膜切成8cm×2cm的条状（或根据需要决定薄膜的大小）。

②把薄膜浸入pH 8.6的巴比妥-巴比妥钠缓冲液中，浸泡约30min。

③待薄膜完全浸透后，用竹镊子轻轻将其取出，将薄膜的无光泽面向上，平铺在滤纸上，其上再放一张干净的滤纸，轻压，吸去多余的缓冲液。

2. 点样

①用微量注射器吸取2~3μL牛血清，将其均匀地涂在载玻片一端的截面处（玻片的宽度应小于薄膜），然后轻轻与距薄膜一端1.5cm处相接触，样品呈直线条状被涂于薄膜上，待血清渗入膜内后，移去载玻片（如图2-4）。

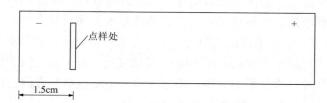

图2-4 乙酸纤维素薄膜点样图

②将薄膜平贴在电泳槽支架上的滤纸上，注意点样的一面朝下，薄膜中间不可出现凹面，点样端应置于阴极端（如图2-5）。

图2-5 乙酸纤维素薄膜电泳装置图

3. 电泳

将电压调至 90～110V，电流调至 0.4～0.6mA/cm，待迁移得最快的蛋白质样品（白蛋白，可观察到）距点样处 4.5～5cm 时，关闭电泳仪电源。一般通电时间约 60min。

4. 染色和漂洗

将薄膜浸于染色液（氨基黑 10B 溶液）中染色 5～10min，取出后用漂洗液漂洗 4～5 次，每次约 5min，待背景无色为止，再浸入蒸馏水中。

5. 透明

漂洗后的薄膜用电吹风吹干，浸入透明液中约 20min，取出平贴于干净的玻璃板上，自然干燥，即得背景透明的电泳图谱（如图 2-6），可长期保存。

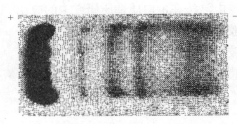

图 2-6　乙酸纤维素薄膜血清蛋白电泳图谱

电泳图谱中从左至右依次为：血清白蛋白、α_1-球蛋白、α_2-球蛋白、β-球蛋白、γ-球蛋白。

【注意事项】

1. 有些型号的电泳槽两极之间的有机玻璃平面上在电泳时会形成一层细小的水珠，使电流强度加大，影响电泳效果。
2. 乙酸纤维素薄膜一定要完全浸透，如有任何斑点、污染或划痕，均不能使用。
3. 浸泡后的乙酸纤维素薄膜取出后用滤纸吸去其表面的缓冲液即可，不可吸得过干。
4. 使用血清点样器直接在薄膜上进行点样，同样可以获得很好的结果。
5. 搭在正负两极滤纸桥上的薄膜不能有点接触，应完全和滤纸桥接触。多个膜条进行电泳时，相邻膜条之间应留有至少 1mm 的间隙，不能相互接触。
6. 电泳时间的长短，应以血清各组分最佳分离效果为标准，一般是以移动最快的血清白蛋白距正极端约 1cm 处停止电泳。
7. 电泳过程中可产生大量的热，一般在炎热的夏天应使用水冷却装置降温，否则会对电泳图谱造成一定的影响。

【思考题】

1. 为什么要将薄膜的点样端放在滤纸桥的负极端？
2. 用乙酸纤维素薄膜作为电泳支持介质有何优点？

综合性实验类

实验六 聚丙烯酰胺凝胶电泳法分离蛋白质

【实验目的】

1. 了解聚丙烯酰胺凝胶电泳法在蛋白质性质研究中的应用。
2. 掌握聚丙烯酰胺凝胶电泳法分离蛋白质的原理。
3. 掌握聚丙烯酰胺凝胶电泳法的操作方法。
4. 比较乙酸纤维素薄膜电泳和聚丙烯酰胺凝胶电泳法分离蛋白质的效果。

【实验原理】

聚丙烯酰胺凝胶（polyacrylamide gel）是由丙烯酰胺（acrylamide，Acr）单体相互聚合成多条长链，再与N,N'-甲叉双丙烯酰胺（N,N'-methylenebisacrylarmide，Bis）在催化剂和加速剂的作用下交联而成的凝胶状三维网孔结构，可通过控制单体和交联剂的浓度来调节凝胶孔径的大小。

聚丙烯酰胺凝胶有非变性胶和变性胶两种。非变性聚丙烯酰胺凝胶电泳是在不加变性剂的条件下对蛋白质进行电泳的一种方式，在非变性聚丙烯酰胺凝胶电泳过程中蛋白质保持原有的形状和电荷，而形状和电荷均会影响不同蛋白质在非变性聚丙烯酰胺凝胶中的泳动速度。变性聚丙烯酰胺凝胶中添加了蛋白质的变性剂十二烷基磺酸钠（sodium dodecyl sulfate，SDS）。SDS 是一种阴离子去污剂，在溶液中带大量负电荷，可破坏蛋白质分子的空间结构。在样品和凝胶中加入 SDS 后，蛋白质解聚成单一多肽链，每一多肽链可与 SDS 结合，形成蛋白质-SDS 胶束，由于胶束所带负电荷远超过蛋白质分子原有电荷量，从而消除不同分子之间原有的电荷差异对样品迁移率的影响，使得电泳迁移率主要依赖于蛋白质的分子质量大小，即分子筛效应，分子质量越小的蛋白质泳动速度越快，而与蛋白质所带的净电荷和分子形状无关。

聚丙烯酰胺凝胶由上、下两部分组成。上层为浓缩胶，具有较大的凝胶孔径，不具备分子筛效应，其作用是提高电泳的分辨率，使变性的蛋白质样品在进入下层凝胶前被压缩为很薄的一层。下层凝胶为分离胶，具有较小的凝胶孔径，具备分子筛效应，变性蛋白质依靠分子质量的差异被分离。SDS 聚丙烯酰胺凝胶电泳（SDS-PAGE）适用于分离分子质量在 15kD 到 250kD 之间的蛋白质，不同浓度的聚丙烯酰胺凝胶能够分离的蛋白质的分子质量范围不同（表 2-4）。

表 2-4 不同浓度凝胶适合分离的蛋白质分子质量范围

凝胶浓度/%	可分离的蛋白质分子质量范围/kD
5.0	57～212
7.5	36～94
10.0	16～68
15.0	12～43

SDS-PAGE 除了可以分离蛋白质外，还可以测定目标蛋白质的分子质量。蛋白质的迁移率（X）与蛋白质分子质量的对数（$\lg MW$）之间存在线性关系：

$$\lg MW = k - bX（其中 k、b 为常数）$$

将已知分子质量的标准蛋白质和目标蛋白质在相同的条件下电泳，电泳结束后计算标准蛋白质的迁移率。以标准蛋白质分子质量的对数值为横坐标，迁移率为纵坐标绘出标准曲线。根据目标蛋白质的迁移率，即可在标准曲线上求得目标蛋白质的分子质量。

【实验试剂与仪器】

1. 实验试剂

30%凝胶贮存液：称取 29g Acr、1g Bis，用少量蒸馏水溶解后，定容至 100mL，4℃ 保存。

10%十二烷基磺酸钠（SDS）溶液：称取 10g SDS，用少量蒸馏水溶解后，定容至 100mL。

分离胶缓冲液（1.5mol/L，pH 8.8）：称取 18.17g 三羟甲基氨基甲烷（Tris 碱），溶于 80mL 蒸馏水中，用 10mol/L HCl 调 pH 至 8.8，定容至 100mL。

浓缩胶缓冲液（1.0mol/L，pH 6.8）：称取 12.11g Tris 碱，溶于 80mL 蒸馏水中，用 10mol/L HCl 调 pH 至 6.8，定容至 100mL。

电极缓冲液（5×，pH 8.3）：称取 15.1g Tris 碱、94g 甘氨酸，取 50mL 10% SDS 溶液，溶于 900mL 蒸馏水中，调 pH 至 8.3，定容至 1000mL。

10%过硫酸铵（AP，临用前配制）溶液：称取 1g AP，蒸馏水溶解后定容至 10mL。

1%TEMED 溶液：取 0.1mL TEMED，加蒸馏水定容至 10mL。

2×SDS 凝胶上样缓冲液：含 100mmol/L Tris-Cl（pH 6.8）、200mmol/L 二硫苏糖醇（DTT）、4%SDS（电泳级）、0.2%溴酚蓝、20%甘油，4℃保存。

脱色液：取 400mL 甲醇、500mL 蒸馏水、100mL 冰醋酸，混匀。

染色液：称取 0.25g 考马斯亮蓝 R-250，用脱色液溶解后定容至 100mL。

其他：琼脂糖，标准蛋白质样品，蛋白质 Marker。

2. 实验仪器

通风橱，垂直板型电泳槽，电泳仪，恒温摇床，微量移液器，漩涡混合仪，培养皿，脱色摇床。

【实验操作流程】

1. 准备电泳槽

按照说明装好垂直板型电泳槽。

2. 封胶

用 0.8%～1.0%琼脂糖凝胶将玻璃片与橡胶、橡胶与电泳槽的接缝封好，以防聚丙烯酰胺凝胶及缓冲液渗漏。

3. 制备分离胶

按表 2-5 配制 15mL 12%分离胶，室温混匀后，倒入两块垂直玻璃板之间，之后缓慢加入蒸馏水约 1cm 高，即封闭，待凝。

表 2-5　12%分离胶配方

组分	用量	组分	用量
蒸馏水	4.3mL	10%SDS 溶液	150μL
凝胶贮存液	6.0mL	10%AP 溶液	150μL
分离胶缓冲液（pH 8.8）	3.8mL	1%TEMED 溶液	600μL

4. 制备浓缩胶

待分离胶凝固后，将蒸馏水倒出，并用滤纸将剩余的蒸馏水吸干净，然后按表 2-6 配制浓缩胶，室温混匀后，倒于分离胶之上，迅速插入点样梳，待凝。

表 2-6　浓缩胶配制

组分	用量	组分	用量
蒸馏水	2.94mL	10%SDS 溶液	50μL
凝胶贮存液	0.83mL	10%AP 溶液	50μL
浓缩胶缓冲液（pH 6.8）	0.63mL	1%TEMED 溶液	500μL

5. 预电泳

凝胶完全凝固后，小心取出点样梳，加入电极缓冲液，然后接通电源，上槽连接负极，下槽连接正极，80V 预电泳 3～5min。

6. 上样

将已加上样缓冲液的标准蛋白质样品、待测样品和蛋白质 Marker 加入点样孔内。

7. 电泳

样品在浓缩胶中电泳约 1h，待样品进入分离胶后，160V 电泳 4h 左右。

8. 染色、脱色

电泳结束后，小心剥出凝胶，将其置于直径为 20cm 的培养皿内，用染色液浸泡过夜。

9. 脱色

将培养皿中的染色液回收到专用试剂瓶中，培养皿中更换为脱色液，将培养皿放在低速摇床上，每隔 2h 换一次脱色液，直到背景清晰为止。

【注意事项】

1. 配制凝胶时做好防护，丙烯酰胺单体有毒。
2. TEMED 有毒且有较浓的臭鸡蛋气味，添加时应在通风橱内操作。
3. 向电泳槽中加入分离胶时要迅速，防止分离胶过早地凝固。用水封分离胶胶面时，动作要快且轻柔，确保分离胶液面平整。
3. 蛋白质加样量要适当，防止泳道超载。
4. 凝胶不能贮存在脱色液中，以防蛋白质条带褪色。

【思考题】

1. 在 SDS-PAGE 中，分离胶和浓缩胶各有什么作用？
2. TEMED 和 AP 各有什么作用？
3. 点样时为什么会出现样品沉不到点样孔底部的现象？

实验七　凝胶过滤色谱法测定蛋白质分子量

【实验目的】

1. 了解凝胶过滤色谱法的应用。
2. 掌握凝胶过滤色谱法测定蛋白质分子量的原理和方法。
3. 熟悉色谱技术中的一些专业术语。

【实验原理】

凝胶是由凝胶颗粒在适宜溶剂中浸泡膨胀后形成的内部有微细多孔网状结构的固体物质。将其装入色谱柱后，含有不同分子量物质的混合物流经这一介质时，大分子不能进入凝胶内部而沿凝胶颗粒间的空隙先流出色谱柱，而小分子能进入凝胶内部，流速缓慢，以致较后流出色谱柱，从而使样品中分子量大小不同的物质得到分离。这种利用凝胶把分子量大小不同的物质分离的方法即为凝胶过滤色谱法，又叫分子筛色谱法。凝胶过滤色谱法常用的介质有交联葡聚糖（商品名 Sephadex）、琼脂糖凝胶（商品名 Sepharose）和聚丙烯酰胺凝胶（商品名 Biogel）。该技术操作方便，设备简单，周期短，重复性能好，且条件温和，一般不引起生物活性物质的变化，因而应用广泛，常用于分离测定大分子化合物，尤其是酶、抗体及其他球蛋白。

将凝胶装柱后，柱床"总体积"（total volume，V_t）由柱床内凝胶颗粒之间的空隙体积（outer volume，V_o）、柱床内凝胶颗粒内部的空隙体积（inner volume，V_i）与干凝胶体积（V_g）三部分组成，即：$V_t = V_o + V_i + V_g$（V_g相比于V_t很小，可忽略不计）。

洗脱体积（elution volume，V_e）是自样品加入色谱柱到组分最大浓度（峰）出现时所流出的体积，其与V_o及V_i之间的关系可用下式表示：

$$K_{av} = \frac{V_e - V_o}{V_i} = \frac{V_e - V_o}{V_t - V_o}$$

K_{av}是样品组分在二相间的分配系数，也即分子量不同的溶质在凝胶内部和外部的分配系数。当某组分的$K_{av} = 0$时，即$V_e = V_o$，表明这一组分完全被排阻在凝胶微孔之外，而被最先洗脱。当某组分的$K_{av} = 1$时，即$V_e = V_o + V_i$，表明这一组分完全不被排阻，其可进入凝胶微孔内部而被最后洗脱。当某些组分的K_{av}在 0~1 之间时，K_{av}值小的先流出，K_{av}值大的后流出。

对于同一类型的化合物，其洗脱特性与组分的分子量有关，流经凝胶色谱柱时，按分子量大小顺序流出，分子量大的先流出。V_e与分子量的关系可用下式表示：

$$V_e = K_1 - K_2 \lg M_r$$

式中，K_1 与 K_2 为常数，M_r 为分子量，V_e 也可用 $V_e - V_o$（分离体积）、V_e/V_o（相对保留体积）、V_e/V_t（简化的洗脱体积，它受柱的填充情况的影响较小）或 K_{av} 代替，与分子量的关系同上式，只是常数不同。通常多以 K_{av} 与分子量的对数作图得一曲线，称为选择曲线。

【实验试剂与仪器】

1. 实验试剂

标准蛋白质混合液：牛血清白蛋白（$M_r = 67000$）、卵白蛋白（$M_r = 43000$）、胰凝乳蛋白酶原 A（$M_r = 25000$）和结晶牛胰岛素（pH 2 时为二聚体，$M_r = 12000$），各 2~3mg/mL，用氯化钾-乙酸溶液配制。

其他试剂：蓝色葡聚糖 2000（8~10mg/mL），N-乙酰酪氨酸乙酯（或硫酸铵或重铬酸钾）（8~10mg/mL），0.025mg/mL 氯化钾-0.2mg/mL 乙酸溶液，Sephadex G-75，5%Ba(Ac)$_2$，待测蛋白质样品溶液。

2. 实验仪器

色谱柱：柱管（1.0cm × 100cm），核酸蛋白质检测仪或紫外-可见分光光度计，自动部分收集器，恒压瓶，下口瓶。

【实验操作流程】

1. 一般操作方法

（1）凝胶处理

选择大小均匀的凝胶颗粒放入蒸馏水中，室温下浸泡 6h（或沸水浴中浸泡 2h）。浸泡后搅动凝胶再静置，待凝胶沉积后，倾倒上层细粒悬液，如此反复多次。浸泡后的凝胶用 10 倍量的洗脱液处理约 1h，搅拌后继续去除上层细粒悬液。

（2）装柱

垂直装好色谱柱，关闭出水口，向柱管内加入 1/3 柱容积的洗脱液。然后在搅拌下，将浓浆状的凝胶连续地倾入柱中，使之自然沉降，待凝胶沉降约 2~3cm 后，打开出水口，调节合适流速，使凝胶继续沉积，待沉积的胶面上升到距离柱的顶端约 5cm 处时停止装柱，关闭出水口。

（3）平衡

柱装好后，将洗脱液与恒流泵相连，恒流泵出口与色谱柱相连。用 2~3 倍柱床体积的洗脱液使柱床稳定（流速为 0.5mL/min），然后在凝胶表面上放一片滤纸或尼龙滤布，以防止将来加样时凝胶被冲起，并始终保持凝胶上端有一段液体。

（4）色谱床校正

首先观察柱床是否连续均匀、有无气泡或纹路、表面是否平整，然后在色谱柱中加入 1mL 2mg/mL 蓝色葡聚糖 2000，用洗脱液进行洗脱（流速同前）。如果移动的色带狭窄、下降均一，则说明装柱良好，否则应重新装柱。

（5）调整洗脱速度

用自动部分收集器收集流出液，记录每收集 3mL 液体所需时间，调整洗脱速度在 10min 左右。按照上述时间设置自动更换收集管。

（6）加样与洗脱

打开色谱柱底部出口，待柱内洗脱液流至床表面 1～2mm 时关闭。取 1mL 样品沿内壁轻轻转动加样，加完后，再打开出口使样品流入柱内，同时收集流出液，当样品溶液流至床表面 1mm 时关闭出口。按加样操作，用 1mL 洗脱液冲洗管壁 2 次。然后将 3～4mL 洗脱液加至色谱柱上，联通恒流泵，以每管 0.3mL/min 的流速洗脱，用自动部分收集器收集流出液。

2. 蛋白质分子量测定

（1）测定 V_o 和 V_i

将 0.5mL 蓝色葡聚糖 2000 和硫酸铵混合液（2mg/mL）上柱、洗脱，分别测出 V_e。蓝色葡聚糖 2000 的 V_e 即为该柱的 V_o，硫酸铵洗脱体积 V_e 减去 V_o 即为柱的 V_i。蓝色葡聚糖 2000 的洗脱峰可根据颜色判断，硫酸铵洗脱峰用 $Ba(Ac)_2$ 生成沉淀判断（若用重铬酸钾，其洗脱峰，可根据颜色判断）。

（2）制作标准曲线

按上述方法将 1mL 标准蛋白质混合液上柱，然后用 0.025mol/L 氯化钾-0.2mol/L 乙酸溶液洗脱。流速为 0.3mL/min，用自动部分收集器每管收集 3mL。用核酸蛋白质检测仪在 280nm 处检测，记录洗脱曲线，或收集后用紫外-可见分光光度计在 280nm 处测定每管吸光度。以管号（或洗脱体积）为横坐标，吸光度为纵坐标作出洗脱曲线。根据洗脱峰位置，量出每种蛋白质的洗脱体积（V_e）。随后，以蛋白质分子量的对数 $\lg M_r$ 为纵坐标，V_e 为横坐标，作出标准曲线。为了使结果可靠，应以同样的条件重复测定 1～2 次，取 V_e 的平均值作图。

（3）测定样品

按照标准曲线的操作条件测定待测蛋白质样品溶液，根据检测的洗脱峰位置，量出洗脱体积。重复测定 1～2 次，取其平均值。也可以根据洗脱体积计算出 K_{av}，再分别由标准曲线查得样品的分子量。

【注意事项】

1. 色谱柱粗细必须均匀，柱管大小可根据实际需要选择。一般来说，细长的柱分离效果较好，但若柱过长，实验时间长、样品稀释度大，分离效果反而不好。样品量多时，最好选用内径较粗的柱，但分离效果稍差。

2. 装柱要均匀，不宜过松或过紧。流速过快会压紧凝胶，流速过慢会使凝胶太松而导致色谱过程中凝胶床高度下降。

3. 始终保持柱内液面高于凝胶表面，以防止水分挥发使凝胶变干。同时防止液体流干使凝胶中混入大量气泡，影响液体在柱内的流动，导致分离效果变差而不得不重新装柱。

4. 洗脱用的液体应与凝胶溶胀所用的液体相同，以防止更换溶剂引起凝胶容积变化，从而影响分离效果。

【思考题】

1. 请简述填充色谱柱的操作。

2. 用凝胶过滤色谱法还可以纯化蛋白质，如果现在某研究小组要纯化酶，请问如何确定何时收集到的组分是酶？

实验八　蛋白质印迹法检测蛋白质

【实验目的】

1. 了解蛋白质印迹法（Western blot）在蛋白质检测中的应用。
2. 掌握 Western blot 的原理和方法。
3. 能够很好地区分 Western blot 和 DNA 印迹（Southern blot）、RNA 印迹（Northern blot）。

【实验原理】

蛋白质印迹法（Western blot），也称免疫印迹，是通过聚丙烯酰胺凝胶电泳对细胞或组织的蛋白质进行分离，然后将凝胶上的蛋白质以电转印的方式转移至固相支持介质聚偏二氟乙烯膜（PVDF 膜）或硝酸纤维素膜（NC 膜）上，再用特异抗体作为探针检测某种特定抗原的蛋白质检测方法。由于凝胶电泳技术的高分辨率和免疫反应标记技术的高特异性及高灵敏度等优点，Western blot 可检测到样品中蛋白质含量低至 1～5ng 的靶蛋白。该法广泛应用于分子生物学领域中基因在蛋白质水平的表达研究、病毒的抗体或抗原检测和疾病早期诊断等多方面。

【实验试剂】

①聚丙烯酰胺凝胶电泳所用试剂见实验六。
②电转印缓冲液（pH 8.3）：含 250mmol/L 甘氨酸、20mmol/L Tris 碱、20%甲醇。
③漂洗液（TBST，pH 7.6）：称取 2.42g Tris 碱、8.0g NaCl，用蒸馏水溶解后，加入 1mL Tween-20，定容至 1000mL。
④5%脱脂牛奶：取 5g 脱脂奶粉溶于 TBST 中，定容至 100mL。
⑤封闭液（5%BSA-TBST，pH 7.6）：取 2.5g BSA 溶于 TBST 中，定容至 50mL。
⑥第一抗体和酶联第二抗体。
⑦DAB 显色液：取 6mg DAB、10mL 封闭液和 0.05mL 3%H_2O_2，混合，过滤沉淀后即可使用。

【实验操作流程】

①在血清标本、标准蛋白质溶液和纯化人血清 IgG 中分别加入上样缓冲液（30μL 样品中加入 5μL 缓冲液），分别上样后进行聚丙烯酰胺凝胶电泳。
②电泳结束后，小心剥下凝胶，将其夹入用电转印缓冲液浸泡过的 NC 膜和滤纸中，然后将有膜的那面置于正极装入电转印槽中，电流强度设置为 60mA，4℃转印过夜（约 17h）。

③次日转印完毕，关闭电源，将 NC 膜取出置于培养皿中，加入封闭液（量仅需浸没 NC 膜即可），室温振荡 1~3h。

④将膜剪下一个小角作标记，置于另一培养皿中。加入新鲜配制的含第一抗体的 TBST（缓冲液的量仅需浸没 NC 膜即可），4℃振荡孵育 2h。

⑤倾去溶液，加入约 100mL 漂洗液进行振荡漂洗，重复 3 次，每次 15min。

⑥将 NC 膜取出置于另一培养皿中，加入新鲜配制的含第二抗体的 TBST（缓冲液的量仅需浸没 NC 膜即可），室温振荡孵育 1~2h。

⑦倾去溶液，加入约 80mL 漂洗液进行振荡漂洗，重复 3~5 次，每次 10min。

⑧显色反应：倾倒漂洗液，滴加新配制的 DAB 显色液，避光 1~3min，滴加 3%H_2O_2，显色后立即用水冲洗以终止反应。

⑨观察结果。

【注意事项】

1. DAB 显色液中的叠氮钠有潜在致癌风险，操作时应佩戴手套。
2. NC 膜/凝胶/滤纸夹层组合中不能有气泡，以免影响电转印效果。
3. 抗体孵育时间越长，灵敏度越高，但特异性越差，故孵育的具体时间需综合考虑。
4. 若免疫结合的非特异性背景高，可降低抗体浓度、缩短抗体孵育时间或延长清洗时间。
5. 封闭液和含一抗及二抗的缓冲液均可回收利用。

【思考题】

1. 检测结果中杂带较多可能是什么原因？
2. 检测结果中无信号或显示信号弱可能是什么原因？
3. DAB 显色的原理是什么？

第三章 核酸

基础性实验类

实验九 CTAB法提取植物基因组DNA

【实验目的】

1. 知道不同样品DNA提取方法的选取。
2. 掌握CTAB法提取植物基因组DNA的原理和操作步骤。
3. 了解DNA提取后的检测方法。

【实验原理】

植物基因组DNA包括细胞核基因组、叶绿体基因组和线粒体基因组，由于细胞核基因组包含大量的遗传信息，决定了植物的众多重要性状，因此常是研究的重点。在细胞核中，DNA与组蛋白等多种蛋白质结合形成染色质。在提取植物基因组DNA时，既需要破坏植物的细胞壁、细胞膜和核膜等结构释放基因组DNA，又要保证基因组DNA的完整性。对于植物细胞，研磨法是一种常用的细胞破碎方法。在细胞内容物释放出来以后，常利用蛋白质、脂质和DNA等物质溶解性的差异来分离纯化DNA。

阳离子去垢剂十六烷基三甲基溴化铵（hexadecyl trimethyl ammonium bromide，CTAB）可以溶解细胞膜，使DNA释放出来，并形成溶于高盐溶液的CTAB-核酸复合物。在高盐溶液（>0.7mol/L NaCl）中，CTAB与蛋白质和多聚糖形成复合物，通过有机溶剂抽提，可以去除蛋白质、脂质、酚类等杂质。加入乙醇或异丙醇破坏DNA的水化膜后，溶液中的DNA失水而聚合沉淀。

【实验试剂与仪器】

1. 实验试剂

（1）CTAB 提取液

CTAB 提取液组分如表 3-1 所示，其添加顺序为先向 70mL 左右的 ddH$_2$O 中加入 Tris 碱与 EDTA-2Na，再用 NaOH 调节 pH 至 8.0，然后加入 CTAB 与 NaCl，加热溶解，最后定容至 100mL。

表 3-1　CTAB 提取液的组成

组分	配置 100mL 提取液时用量
2% CTAB	2g CTAB
1.4mol/L NaCl	8.18g NaCl
20mol/L EDTA	0.74g EDTA-2Na
100mol/L Tris-HCl	1.21g Tris 碱

（2）氯仿-异戊醇溶液

氯仿-异戊醇溶液的组分如表 3-2 所示，配制时注意个人防护，穿戴好实验服和手套，并在通风橱中操作，试剂应储存在棕色瓶中。

表 3-2　氯仿-异戊醇溶液组分

组分	配制 100mL 溶液时用量
96%氯仿	96mL
4%异戊醇	4mL

（3）其他试剂

β-巯基乙醇，液氮，75%乙醇溶液，ddH$_2$O，异丙醇等。

2. 实验仪器

通风橱，低温冰箱，水浴锅，研磨仪（或研钵），高速冷冻离心机，微量加样器及其吸头，离心管等。

【实验操作流程】

①将配制好的 CTAB 提取液放入 60℃水浴锅中预热。

②样品准备可使用不同的方式进行。

第一种方式：使用研磨仪研磨。取适量的幼嫩植物叶片（~100mg）于 2mL 的离心管中，并向离心管中加入两颗钢珠（$\phi = 3$mm），再将其放入液氮中冷冻，使植物组织变脆易于研磨，最后将离心管放入研磨仪中研磨（50~60Hz 研磨 60s），研磨完成后取出离心管放入液氮中待用。

第二种方式：使用研钵研磨。取适量植物组织于研钵中，向研钵中加入液氮，而后使用研杵将植物叶片研磨成粉末状（注意防止液氮冻伤，同时维持研钵处于低温环境），最后取约100mg粉末于离心管中，将其放入液氮中待用。

③根据样品数量分装出适量的预热后的CTAB提取液（每个样品0.5mL），向分装出的CTAB提取液中加入β-巯基乙醇（使其终浓度达到1%）。

④从液氮中取出装有样品的离心管，每个离心管中加入0.5mL含β-巯基乙醇的CTAB提取液，充分混匀，而后将样品置于60℃水浴锅中孵育30min（每隔10min颠倒混匀）。

⑤向离心管中加入200μL氯仿-异戊醇溶液（24∶1），充分混匀后，将离心管置于离心机中，$12000 \times g$离心10min。

⑥离心完成后，使用微量加样器将离心管中的上清液转移至新的1.5mL离心管中，并向其中加入异丙醇（上清液体积的0.8～0.9倍），颠倒混匀数次，4℃静置沉淀20min以上，而后$12000 \times g$离心15min。

⑦离心完成后，弃上清液，留下DNA沉淀，向离心管中加入1mL 75%乙醇溶液洗涤沉淀（上下颠倒，使DNA沉淀漂浮起来），而后$12000 \times g$离心5min。

⑧重复步骤⑦。

⑨离心完成后，弃上清液，$12000 \times g$离心30s，用移液器移除残余液体，自然风干（过度干燥可能会使DNA难以溶解）。

⑩加入适量ddH_2O溶解，−20℃保存。

⑪用微量分光光度计测定提取的基因组DNA浓度。

【注意事项】

1. β-巯基乙醇可以破坏蛋白质中的二硫键，使蛋白质变性，是有毒物质。

2. 氯仿和异戊醇易挥发，并有一定毒性；在使用这些试剂时应注意个人防护，并在通风橱中操作。

3. 在最后去除乙醇时一定要去除干净。

【思考题】

1. 提取植物基因组DNA的过程中各种试剂的作用分别是什么？

2. 在本实验过程中，应当如何保证基因组DNA的完整性和纯度？

实验十　DNA 的琼脂糖凝胶电泳

【实验目的】

1. 了解 DNA 检测的各种方法。
2. 掌握琼脂糖凝胶电泳的原理及方法，能分析琼脂糖凝胶电泳的结果。
3. 知道琼脂糖凝胶电泳和聚丙烯酰胺凝胶电泳的区别。

【实验原理】

琼脂糖凝胶电泳是一种常用的检测、分离或纯化核酸的方法。琼脂糖是从琼脂中提取的一种多糖，具有亲水性，但不带电荷，是一种良好的电泳支持物介质。该方法利用琼脂糖作为支持介质，主要利用电荷效应和分子筛效应，达到分离核酸分子的目的。

核酸分子是两性电解质，在 pH 偏碱性的缓冲液（如 TAE、TBE、TPE 等）中，带负电荷，在电场中向正极移动。在一定的电场强度下，核酸分子的迁移速度主要取决于其分子量，琼脂糖形成的空间网状结构在核酸分子通过时会阻碍核酸分子运动。核酸的分子量越大，受到的阻力也越大，分子运动速度越小。DNA 分子在电场中的移动速度也与它本身的构象有关。一般条件下，相同分子量的 DNA 分子，超螺旋 DNA 移动最快，线性 DNA 其次，而开环 DNA 移动最慢。

由于不同浓度的琼脂糖凝胶对 DNA 分子的分离能力不同，在进行琼脂糖凝胶电泳前，需要根据 DNA 分子量的大小来选择合适浓度的琼脂糖凝胶。不同浓度琼脂糖凝胶适合分离的 DNA 分子量范围如表 3-3 所示。

表 3-3　不同浓度琼脂糖凝胶分离 DNA 的范围

琼脂糖凝胶浓度/%	有效分离 DNA 分子量的范围/bp
0.3	5000～60000
0.5	1000～30000
0.7	800～10000
0.9	500～7000
1.2	400～6000
1.5	200～3000
2.0	50～2000

【实验试剂与仪器】

1. 实验试剂

（1）TAE 电泳缓冲液（50×）

其组分如表 3-4 所示。先向 800mL 左右的 ddH$_2$O 中加入 Tris 碱与 EDTA-2Na，充分溶解后，再加入 57.1mL 冰醋酸，最后定容至 1L，室温保存。

表 3-4　50 × TAE 电泳缓冲液组成及配制

组分	配制 1L 电泳缓冲液时用量
2mol/L Tris 碱	242.28g Tris 碱
100mmol/L EDTA	37.22g EDTA-2Na·2H$_2$O
2mol/L 乙酸	57.1mL 冰醋酸

（2）其他试剂

琼脂糖，ddH$_2$O，核酸染料，10 × DNA 上样缓冲液，DNA Marker 等。

2. 实验仪器

微量加样器及其吸头，制胶槽，锥形瓶，微波炉，电泳仪及电源，凝胶成像仪，离心机等。

【实验操作流程】

①称取 0.5g 琼脂糖于溶胶专用锥形瓶中，加入 50mL 1 × TAE 缓冲液，放入微波炉加热至完全熔化。

②冷却至约 60℃，加入 1~2μL 核酸染料，混匀后缓缓倒入提前组装好的制胶槽中（不要产生气泡）。

③待琼脂糖凝胶凝固后，垂直拔起梳子，取出胶板，将其转移至电泳槽中，上样孔应位于负极端。

④向电泳槽中加入 1 × TAE 电泳缓冲液，直至没过胶面。

⑤将待检测样品（上样前按比例加入 10 × DNA 上样缓冲液，用离心机瞬时混匀）和 DNA Marker（根据样品预计大小选择合适的 DNA Marker）用微量加样器分别加到凝胶的上样孔中。

⑥连接电泳仪和电泳槽，接通电源，调节稳压输出 120V，电泳 20min，停止电泳［或观察溴酚蓝指示带（蓝色）的移动情况，依据 DNA 样品预计大小适时停止］。

⑦将凝胶平铺到紫外凝胶成像仪的样品台中央，关紧样品室门。

⑧打开电脑菜单中成像系统软件，利用缩放按钮将胶块图像大小调整至合适，运行成像系统，进行凝胶成像。

【注意事项】

1. 在溶解琼脂糖时，要使用 1 × TAE 缓冲液，不要使用水作为溶剂，不可使用未稀释的 50 × TAE 电泳缓冲液作溶剂；电泳缓冲液有多种，溶解凝胶所用溶液需和电泳槽中的溶液保持一致。

2. 等待凝胶凝固的过程中，不要随意移动制胶槽。

3. 在进行电泳时，注意上样孔应置于负极端；电泳过程中要随时注意溴酚蓝指示带的位置。

4. 核酸染料有潜在的致癌风险，使用时需注意防护。

【思考题】

1. 在配制琼脂糖凝胶时为什么不能使用水来溶解，为什么不能使用高浓度的电泳缓冲液作溶剂？
2. DNA 上样缓冲液和 DNA Marker 的作用分别是什么？
3. 琼脂糖凝胶电泳中该如何进行上样的操作？
4. 琼脂糖凝胶电泳和聚丙烯酰胺凝胶电泳有什么区别？

实验十一　酵母 RNA 的提取及组分鉴定

【实验目的】

1. 了解核酸的组分及其鉴定方法。
2. 掌握稀碱法提取酵母 RNA 的原理和方法。

【实验原理】

酵母含有丰富的 RNA（约占干重的 3%~10%），而且菌体收集容易，所以多用酵母作为提取 RNA 的材料。工业上常将其进一步水解，以制备核苷酸、核苷和碱基等。工业上通常使用稀碱法或浓盐法来提取酵母 RNA，但这两种方法提取的 RNA 会出现变性或降解。可用苯酚法提取未变性的 RNA。

苯酚法是用苯酚处理组织匀浆，离心后 RNA 溶于上层的水相中，向水层加入乙醇后，RNA 以白色絮状沉淀析出。浓盐法是用 10%氯化钠溶液使 RNA 溶于盐溶液中，在除去菌体残渣及变性蛋白质后，调节溶液的 pH 值至 RNA 的等电点或使用乙醇处理，使 RNA 沉淀析出。稀碱法是用稀碱溶液使酵母细胞裂解，然后用酸中和，除去蛋白质和菌体后，用乙醇沉淀即可获得 RNA。本实验将使用稀碱法提取酵母 RNA。

RNA 由核糖核苷酸组成，核糖核苷酸由核糖、嘧啶/嘌呤碱基以及磷酸组成。为了检测 RNA 组分，可以将提取获得的 RNA 先进行水解，再分别检测各组分。将 RNA 置于 10%硫酸溶液中，通过煮沸的方式，即可促使 RNA 水解为这些组分。

磷酸可以与钼酸铵作用生成黄色的磷钼酸铵，后者在还原剂的作用下可被还原为蓝色的钼蓝；嘌呤碱基能与硝酸银作用产生白色的嘌呤银化物沉淀；核糖与酸共热生成糠醛，后者与苔黑酚反应生成绿色化合物。

【实验试剂与仪器】

1. 实验试剂

（1）三氯化铁浓盐酸溶液

将 2mL 10%三氯化铁溶液加入 400mL 浓 HCl 中。

（2）苔黑酚乙醇溶液

称取 6g 苔黑酚溶于 100mL 95%乙醇。

（3）定磷试剂

定磷试剂的试剂组分如表 3-5 所示（注意稀释浓硫酸时，浓硫酸应缓慢加入水中）。临用时将 17%硫酸溶液、2.5%钼酸铵溶液、10%抗坏血酸溶液和水按 1∶1∶1∶2 的体积比例混合。

表 3-5　定磷试剂的组分及配制

组分	配制 100mL 溶液时用量	组分	配制 100mL 溶液时用量
17%硫酸溶液	17mL 浓硫酸	10%抗坏血酸溶液	10g 抗坏血酸
2.5%钼酸铵溶液	2.5g 钼酸铵		

（4）其他试剂

干酵母，0.04mol/L NaOH 溶液，乙酸，酸性乙醇，无水乙醚，95%乙醇，10%H_2SO_4 溶液，浓氨水，0.1mol/L 硝酸银溶液等。

2. 实验仪器

试管，50mL 离心管，烧杯，玻璃棒，布氏漏斗，抽滤瓶，移液器及其枪头，pH 试纸，水浴锅，离心机（配有 50mL 离心管的转子）等。

【实验操作流程】

1. 酵母 RNA 的提取

①取 5g 左右干酵母于烧杯内，向其中加入 50mL 0.04mol/L NaOH 溶液，混匀后沸水浴 30min（注意搅拌混匀）。

②取出烧杯，用流水冷却后，向其中滴加几滴乙酸（使溶液呈酸性）。

③将烧杯中的溶液转移至两个 50mL 离心管中（注意配平），在离心机中 $4000 \times g$ 离心 10min。

④离心完成后将上清液分别转移至新的离心管中，并各向管中加入 5mL 酸性乙醇（注意配平），搅拌后静置，在离心机中 $4000 \times g$ 离心 10min。

⑤离心完成后，弃上清液，向离心管中分别加入 10mL 95%乙醇洗涤沉淀，离心机中 $4000 \times g$ 离心 5min。

⑥重复步骤⑤。

⑦离心完成后，弃上清液，向离心管中分别加入 10mL 无水乙醚洗涤沉淀，离心机中 $4000 \times g$ 离心 5min。

⑧离心完成后，弃上清液，再向离心管中分别加入 5mL 无水乙醚，重悬沉淀后，将重悬液转移至布氏漏斗抽滤，最后使沉淀自然干燥即可得到 RNA 样品。

2. RNA 的水解

①称取 0.5g 上述 RNA 样品于试管中，向其中加入 5mL 10%H_2SO_4 溶液，加热煮沸 1~2min，获得 RNA 水解液。

②核糖检测：取 1mL RNA 水解液于试管中，再向其中加入 2mL 三氯化铁浓盐酸溶液和 0.2mL 苔黑酚乙醇溶液，加热煮沸 1min，观察溶液是否变为绿色。

③嘌呤检测：取 1mL RNA 水解液于试管中，向其中加入 2mL 浓氨水。然后加入 1mL 0.1mol/L 硝酸银溶液，观察有无白色沉淀产生。

④磷酸检测：取 1mL RNA 水解液于试管中，再向其中加入 1mL 定磷试剂，水浴中加

热，观察溶液是否变成蓝色。

【注意事项】

1. 实验中使用强酸、强碱等强腐蚀性或有毒试剂时应注意防护。
2. 本实验应使用不含 RNA 酶的样品管、移液器枪头、塑料容器和溶液。在处理 RNA 时，盛有 RNA 样品的试管应置于冰盒，或者置于超过 50°C 的水浴中。
3. 稀碱法提取的 RNA 为变性 RNA，不能作为 RNA 生物活性实验材料。

【思考题】

1. 为什么用稀碱溶液可以使酵母细胞裂解？
2. 如何从酵母中提取到未变性的 RNA？

实验十二 质粒 DNA 的分离和酶切反应

【实验目的】

1. 掌握碱裂解法提取质粒 DNA 的原理和方法。
2. 掌握限制性核酸内切酶的特性，能够选用合适的限制性核酸内切酶对 DNA 进行限制性酶切。

【实验原理】

质粒是细菌、酵母和放线菌等生物中染色体（或拟核）以外的 DNA 分子，存在于细胞质中（酵母的 2μm 质粒存在于细胞核中），具有自主复制能力，是闭合环状的双链 DNA 分子。通过基因工程改造，质粒可以将外源基因片段携带到受体细胞中复制或表达，这一技术在生物化学实验中应用广泛。

碱裂解法利用染色体 DNA 与质粒 DNA 的变性、复性差异来分离质粒 DNA。强碱性条件下，质粒 DNA 双链间的氢键断裂，双螺旋结构解开而变性，但两条环状的互补链不完全分离；当酸中和至中性时，质粒 DNA 迅速准确配对，重新恢复为原来的构型，溶于水中。而强碱性条件下，染色体 DNA 双链间的氢键断裂，双螺旋结构解开而变性，两条线性互补链完全分离；当酸中和至中性时，染色体 DNA 不能复性，而与破裂的细胞壁碎片、蛋白质等相互缠连成不溶物，可经离心除去。

限制性核酸内切酶可以识别双链 DNA 分子中特异核苷酸序列，并在所识别的 DNA 序列内部进行切割，从而产生特定的黏性末端或者平末端。在选择限制性核酸内切酶时，应根据靶标 DNA 序列选取对应的酶。酶切反应体系需要有 Mg^{2+} 作为辅因子，并要求有适宜的盐浓度和温度的环境。因此，在进行酶切反应时需要使用合适的缓冲液，并在酶活性的最适温度环境下进行反应。目前，新一代的限制性核酸内切酶可以在同一缓冲液中进行反应，并提高了酶切反应速率（通常半小时以内即可完成酶切反应）。酶切后的 DNA 片段可以通过琼脂糖凝胶电泳进行检测或回收。

【实验试剂与仪器】

1.实验试剂

（1）LB 培养基

LB 培养基的组分及配制如表 3-6 所示。培养基配制完成后，于 121℃灭菌 20min，保存；若需要添加抗生素，在使用前加入无菌抗生素溶液，固体培养基融化后需冷却到 60℃以下再添加。

表 3-6　LB 培养基的组分及配制

组分	配制 100mL LB 培养基时用量
0.5%酵母抽提物	0.5g 酵母抽提物
1%蛋白胨	1g 蛋白胨
1% NaCl	1g NaCl
1.5%琼脂（固体需添加）	1.5g 琼脂

（2）重悬液

重悬液的组分及配制如表 3-7 所示。溶解后用盐酸调节 pH 至 8.0，定容，115℃高压蒸汽灭菌 15min，4℃保存。

表 3-7　重悬液的组分及配制

组分	配制 100mL 重悬液时用量
50mmol/L 葡萄糖	0.9g 葡萄糖
25mmol/L Tris-HCl	0.30g Tris 碱
10mmol/L EDTA	0.37g EDTA-2Na·2H$_2$O

（3）裂解液

裂解液的组分及配制如表 3-8 所示。使用前将两种溶液等体积混合（使 NaOH 终浓度为 0.2mol/L，SDS 终浓度为 1%）。

表 3-8　裂解液的组分及配制

组分	配制 100mL 裂解液时用量
0.4mol/L NaOH 溶液	1.6g NaOH
2%SDS 溶液	2g SDS

（4）中和液

组分主要为乙酸钾。取 60mL 5mol/L 乙酸钾、11.5mL 冰醋酸、28.5mL ddH$_2$O，混匀，4℃保存。

（5）酚-氯仿-异戊醇溶液

将酚、氯仿、异戊醇按 25∶24∶1 的比例混合后，在棕色瓶中 4℃保存。

（6）氨苄青霉素（Amp）母液（100mg/mL）

取 1g Amp 粉末溶于 ddH$_2$O，定容至 10mL，在超净工作台使用无菌滤膜（0.22μm）过滤除菌，−20℃保存。

（7）其他试剂

含有 pKSⅡ质粒的大肠埃希菌，QuickCut *Kpn*Ⅰ，QuickCut *Sac*Ⅰ，10×QuickCut

Buffer，RNase A，异丙醇，乙醇，ddH$_2$O 等

2. 实验仪器

锥形瓶，平板，涂布棒，酒精灯，移液器及枪头，PCR 管，离心管，离心机，恒温金属浴，恒温摇床，恒温培养箱，无菌操作台等。

【实验操作流程】

1. 质粒 DNA 的提取

①取适量的含有 pKS Ⅱ 质粒的大肠埃希菌菌液，用涂布棒将其涂布于含有 100mg/L Amp 的固体 LB 培养基平板上，置于恒温培养箱中 37℃ 过夜培养，直到长出单个菌落。

②用移液器枪头挑取单菌落，将其接种于含有 100mg/L Amp 的液体 LB 培养基中，在恒温摇床中 37℃、220r/min 过夜培养。

③将菌液加入离心管中，使用离心机 12000×g 离心 1min，收集菌体，尽量将菌液倒干净。

④加入 200μL 重悬液，重新悬浮细胞，混匀。

⑤加入 400μL 裂解液，轻柔颠倒混匀。

⑥加入 300μL 中和液，轻柔颠倒混匀，于离心机中 12000×g 离心 10min。

⑦离心完成后，吸取 600μL 上清液至另一离心管中，加入适量的 RNase A，使其终浓度达到 10μg/mL，室温静置 10min。

⑧向离心管中加入等体积的酚-氯仿-异戊醇溶液，混匀，于离心机中 12000×g 离心 10min。

⑨离心完成后，将上清液吸取到另一离心管中，加入等体积的异丙醇，混匀，于离心机中 12000×g 离心 10min。

⑩弃上清液，加入 1mL 75%乙醇洗涤沉淀，于离心机中 12000×g 离心 1min。

⑪弃上清液，微离心，用移液器吸除残余乙醇。

⑫保持离心管管口敞开，自然风干后，加入 50μL ddH$_2$O 溶解质粒 DNA，-20℃下保存备用。

2. 质粒 DNA 的酶切反应

质粒 DNA 的酶切反应体系如表 3-9 所示。酶切反应体系总体积为 30μL。

表 3-9 酶切体系的组分及用量

组分	体积/μL	组分	体积/μL
质粒 pKS Ⅱ	2	QuickCut *Kpn* I	0.5
ddH$_2$O	24	QuickCut *Sac* I	0.5
10 × Quick Cut Buffer	3		

按上述酶切反应体系在 PCR 管中加入各组分，混匀后将 PCR 管放入 37℃金属浴中进

行酶切反应，反应 30min 后酶切完成。酶切产物可通过琼脂糖凝胶电泳检测或回收。

【注意事项】

1. 在进行碱裂解反应时，反应时间不宜过长，混匀动作不要过于剧烈，否则可能会影响质粒的完整性。

2. 在使用限制性核酸内切酶时，需要将酶放置在冰上，不要使酶长时间暴露于高温环境中，否则可能会影响酶的活性。

3. 使用酚、氯仿等有机溶剂时需要做好个人防护，并在通风橱中操作。

【思考题】

1. 利用碱裂解法提取质粒 DNA 时，核基因组 DNA 是如何被除去的？

2. 在利用琼脂糖凝胶电泳检测质粒 DNA 时，可能观察到几条条带，这些条带分别代表什么？

实验十三　PCR 扩增水稻管家基因 *Actin*

【实验目的】

1. 掌握 PCR 技术的原理和操作方法。
2. 学会如何设计引物。

【实验原理】

PCR 在体外模拟体内 DNA 复制过程，大量扩增目的 DNA 片段。PCR 循环由变性、退火、延伸三个基本反应步骤构成。首先，双链 DNA 分子在高温下变性为单链；其次，通过碱基配对，特异性的 DNA 引物在降低温度时会结合到单链 DNA 上；最后，在合适的温度条件（72℃）下，DNA 聚合酶会以单链 DNA 为模板，沿着引物的 3'端合成 DNA 链，完成一轮复制。一条双链 DNA 经过一轮复制后，扩增为两条双链 DNA。每一次循环所产生的 DNA 又能成为下一次循环的模板，PCR 产物以指数形式迅速扩增。多次循环即可获得大量目标 DNA 片段。PCR 产物可以通过琼脂糖凝胶电泳回收、纯化。

PCR 体系中至少含有：为反应提供模板的 DNA 分子，DNA 合成的原料 dNTP，子链合成所需的一对 DNA 引物，驱动 DNA 复制的 DNA 聚合酶及维持酶活性的 Mg^{2+}、缓冲液等。在进行 PCR 实验时，需要按照一定比例混合这些物质。目前很多商业化 PCR 试剂已经提前添加好各类物质，因此，使用这类试剂配制 PCR 体系时只需加入模板和引物（部分需要补充 H_2O）。

设计合适的引物是 PCR 成功进行的关键一步，引物通常为一对含有十几到二十几个脱氧核糖核苷酸的寡核苷酸链。引物能否与 DNA 模板正确结合是设计引物时需要考虑的主要问题，这涉及引物序列的特异性、引物的熔解温度（T_m 值，即 DNA 变性过程中紫外吸收达到最大值一半时的温度）及引物之间的匹配度等。在设计引物时，可以使用在线引物设计工具，如 Primer-BLAST 等，或者引物设计软件，如 Primer Premier 6 等。根据实验需求，使用这些引物设计工具调整引物参数可以便捷地设计出所需引物。最终引物的使用效果需要以实验验证结果为准。

【实验试剂与仪器】

1. 实验试剂

PCR Mix（2×），水稻基因组 DNA，正/反向引物，琼脂糖凝胶，TAE 电泳缓冲液，DNA Marker，ddH_2O 等。

2. 实验仪器

微量加样器及吸头，PCR 管，PCR 仪，电泳仪及电源，凝胶成像仪等。

【实验操作流程】

1. 引物设计与合成

①在美国国家生物技术信息中心（National Center for Biotechnology Information，NCBI）中搜索水稻 *Actin* 基因序列（如 *actin-1*，*LOC4338914*）（包含内含子等），并将下载序列。

②将水稻 *Actin* 基因编码序列输入引物设计网站或软件中，调整引物设计参数，如引物 T_m 值和产物长度等。

③根据设计好的引物序列，由生工生物工程（上海）股份有限公司合成引物。

2. PCR 流程

①PCR 体系：PCR 体系总体积为 20μL，各组分及用量如表 3-10 所示。

表 3-10 PCR 体系组分及用量

组分	用量/μL	组分	用量/μL
PCR Mix（2×）	10	反向引物（10μmol/L）	0.5
模板（水稻基因组 DNA）	0.5	ddH₂O	8.5
正向引物（10μmol/L）	0.5		

②PCR 程序：PCR 程序设置如表 3-11 所示。

表 3-11 PCR 程序

步骤	温度/°C	时间或循环数
预变性	95	5min
变性	95	30s
退火	引物 T_m 值 − 5	30s
延伸	72	1000bp/min
循环（2~4 步）	—	35 次
再延伸	72	5min
终止程序		

③反应完成后，通过琼脂糖凝胶电泳检测目的条带是否符合预期。

【注意事项】

1. 在设计引物时，引物的 3′末端为 C 或 G，有利于促进结合效率；在需要引入酶切位点时，可在引物的限制性核酸内切酶位点的 5′末端增加 3~4 个核苷酸，促进酶切反应。

2. 在 PCR 体系中，引物终浓度通常在 0.2~0.5μmol/L。

3. 在设置 PCR 程序时，退火温度应根据引物 T_m 值计算，通常比引物平均 T_m 值低 5~

10℃。通常，退火温度在 55～60℃。延伸温度由酶的类型及目的 DNA 片段的长度决定，常用的商业化限制性核酸内切酶对长度约为一千个碱基对进行扩增时，有扩增时长为 30s 或 1min 两类，使用时注意查看说明书。

【思考题】

1. 预变性与再延伸过程有什么作用？
2. 在 PCR 技术中，反应过程是否需要能量供应，是否由额外的 ATP 供能？

综合性实验类

实验十四　水稻叶片 RNA 的提取及含量测定

【实验目的】

1. 掌握植物 RNA 提取的原理和方法。
2. 理解 RNA 含量测定的基本原理。

【实验原理】

细胞中的 RNA 主要包括核糖体 RNA（rRNA）、转运 RNA（tRNA）和信使 RNA（mRNA）三类，这三类 RNA 均参与翻译过程。其中，rRNA 是合成蛋白质的细胞器——核糖体的主要组成成分；tRNA 可以结合氨基酸，并将其转运至核糖体参与蛋白质的合成；mRNA 是指导蛋白质合成的模板，决定了蛋白质的氨基酸序列。细胞中还有一些其他类型 RNA，这些 RNA 主要起调控作用。细胞中的 RNA 主要以单链的形式存在，易降解。因此，在提取 RNA 的过程中，防止 RNA 降解是决定 RNA 质量良好的关键。

Trizol 法是实验室中提取 RNA 的主要方法。Trizol 试剂是一种直接从细胞或组织中提取总 RNA 的试剂，它在破碎和溶解细胞时能保持 RNA 的完整性，其主要成分为异硫氰酸胍和苯酚。其中异硫氰酸胍可以裂解细胞，解离核糖体，而苯酚可以使蛋白质变性，从而使核酸与蛋白质分离。酸性条件下，DNA 在酚相，RNA 在水相，两者实现分离。然后加入氯仿抽提，可以去除蛋白质、脂类、酚类等杂质，离心后，样品分为水样层和有机层，其中 RNA 在水样层中，蛋白质和 DNA 留在有机层中。收集水样层，加入异丙醇破坏 RNA 的水化膜，使 RNA 失水而聚合沉淀。最后用 75% 的乙醇洗涤 RNA 沉淀，去除盐、多糖等杂质。

紫外分光光度法可用来测定 RNA 的含量。核酸分子（DNA 或 RNA）由于含有嘌呤环和嘧啶环的共轭双键，在 260nm 波长处有特异的紫外吸收峰，其吸收强度与核酸的浓度成正比，OD_{260} 为 1 时，dsDNA 的浓度约为 50μg/mL，ssDNA 的浓度约为 33μg/mL，ssRNA 的浓度约为 40μg/mL，因此，可以用测定的 OD_{260} 来计算核酸样品的浓度。蛋白质在 280nm 处有最大吸收峰，纯净 RNA 样品的 A_{260}/A_{280} 在 2.0 左右。

【实验试剂与仪器】

1. 实验试剂

Trizol 试剂，液氮，氯仿，异丙醇，75%乙醇溶液，焦碳酸二乙酯（diethyl pyrocarbonate，

DEPC），ddH$_2$O 等。

2. 实验仪器

通风橱，磁力搅拌器，研磨仪，涡旋仪，超低温冰箱，高速冷冻离心机，微量紫外-可见分光光度计，移液器及其枪头，离心管等。

【实验操作流程】

1. RNA 提取

①实验前准备：用含 0.1% DEPC 的水浸泡需要使用的枪头、离心管等耗材，在磁力搅拌器上过夜搅拌，然后高压蒸汽灭菌除去 DEPC。DEPC 水同样高压蒸汽灭菌处理后待用。

②取适量植物组织（～100mg）于 2mL 离心管中，并向离心管中加入两颗钢珠（ϕ = 3mm），再将其放入液氮中冷冻，使植物组织变脆易于研磨，最后将离心管放入研磨仪中研磨（50～60Hz 研磨 60s），研磨完成后取出离心管，放入液氮中待用。

③向离心管中加入 1mL Trizol 试剂，充分涡旋混匀样品，室温静置 5min。

④再加入 200μL 氯仿，涡旋仪振荡 30s，室温静置 5min。

⑤4℃，12000×g 离心 10min 后，小心吸取 500μL 上清液至新的 1.5mL 离心管中。

⑥向离心管中加入等体积（500μL）的异丙醇，轻轻颠倒混匀，4℃静置 10min。

⑦4℃，12000×g 离心 10min，弃上清液，向沉淀中加入 1mL 75% 乙醇，轻轻晃动清洗 RNA 沉淀。

⑧4℃，12000×g 离心 5min，弃上清液。

⑨瞬时离心后，用移液器吸出残留液体，然后自然干燥 5min。

⑩加入适量的 DEPC 水溶解 RNA 沉淀。

⑪取少量样品用于含量测定，剩余样品于 -80℃ 冰箱保存。

2. RNA 含量测定：微量紫外-可见分光光度计测量

①先用 DEPC 水清洗样品平台。

②开启微量紫外-可见分光光度计，选择 RNA 测量程序。

③滴加 1～2μL DEPC 水到样品平台上，测量空白对照。

④取 1～2μL RNA 到样品平台上，进行测量。

⑤根据 A_{260}/A_{280} 的值判断 RNA 样品的纯度，记录 RNA 样品浓度。

⑥关闭微量紫外-可见分光光度计，用 DEPC 水清洗样品平台。

【注意事项】

1. RNA 提取的关键是要防止 RNA 的降解，因此，在 RNA 提取中使用的耗材、试剂应为专用的 RNase-free 的耗材、试剂，或对其进行 RNase 失活处理。

2. DEPC 是强烈的蛋白质变性剂，属于挥发性有毒物质，使用时应在通风橱中使用，做好安全防护。

3. Trizol 试剂有腐蚀性，使用时也要做好个人防护。

【思考题】

1. 在 RNA 提取的过程中应如何防止 RNA 降解？
2. 微量紫外-可见分光光度计为何能够用来计算 RNA 样品的浓度？

实验十五　DNA 印迹法（Southern Blot）

【实验目的】

1. 了解 Southern blot 的应用。
2. 掌握 Southern blot 的原理和操作步骤。

【实验原理】

具有一定同源性的两条核酸单链在一定的条件下，可按碱基互补配对原则特异性地杂交形成双链。一般利用琼脂糖凝胶电泳分离经限制性核酸内切酶消化的 DNA 片段，将胶上的 DNA 变性并在原位将单链 DNA 片段转移至尼龙膜或其他固相支持介质上，经干烤或者紫外线照射固定，再与相对应结构的标记探针进行杂交，用放射自显影或酶反应显色，从而检测特定 DNA 分子。

本实验采用地高辛（digoxigenin，DIG）标记的探针来进行检测。用带有 DIG 的脱氧核糖核苷酸合成探针，即可得到带 DIG 标记的探针。在进一步检测中，DIG 可与抗体特异性结合，该抗体耦联的酶可催化相应底物显色或激发荧光，从而显示探针所结合的 DNA 分子的位置。检测用探针还可用 ^{32}P 做放射性同位素标记。

【实验试剂与仪器】

1. 实验试剂

①Southern Ⅰ溶液：0.25mol/L HCl。

②Southern Ⅱ溶液：0.5mol/L NaOH。

③Southern Ⅲ溶液（0.5mol/L NaOH、1.5mol/L NaCl）：称取 20g NaOH、87.66g NaCl，将两种物质加到 700mL 去离子水中，待其完全溶解后用 ddH_2O 定容至 1L。

④Southern Ⅳ溶液（1mol/L Tris-HCl、3mol/L NaCl）：称取 121.14g Tris 碱、175.33g NaCl，称量完成后，将两种物质加到 700mL 去离子水中，待其完全溶解，用浓盐酸将其 pH 调至 6.5，最后用 ddH_2O 定容至 1L。

⑤20×SSC 溶液（0.3mol/L 柠檬酸钠、3mol/L NaCl）：称取 77.42g 柠檬酸钠、175.33g NaCl，称量完成后，将两种物质加到 700mL 去离子水中，待其完全溶解，用浓盐酸将其 pH 调至 7.0，最后用 ddH_2O 定容至 1L。

⑥冷洗液（2×SSC、0.1%SDS）：量取 100mL 20×SSC、10mL 10%SDS，混合即得。

⑦热洗液（0.1×SSC、0.1%SDS）：量取 5mL 20×SSC、10mL 10%SDS，混合即得。

⑧马来酸缓冲液（0.1mol/L 马来酸、0.15mol/L NaCl）：称取 11.6g 马来酸、8.77g NaCl，称量完成后，将两种物质加到 700mL 去离子水中，用 NaOH(s)将 pH 调至 7.5（每升缓冲液

约加入 8g NaOH），最后定容至 1L。

⑨洗涤缓冲液：向 1L 马来酸缓冲液中加入 3mL Tween 20，混匀即得。

⑩检测缓冲液（0.1mol/L Tris-HCl、0.1mol/L NaCl）：称取 12.11g Tris 碱、5.84g NaCl，将两种物质加到 700mL 去离子水中，溶解后，用浓盐酸将 pH 调至 9.5，最后定容至 1L。

⑪其他试剂：Southern 试剂盒［地高辛高效 DNA 标记及检测试剂盒Ⅰ型（Roche）］，胶回收试剂盒，琼脂糖，TAE 缓冲液，DNA Marker，限制性核酸内切酶及其缓冲液，PCR Mix，ddH$_2$O 等。

2. 实验仪器

低温冰箱，水平摇床，恒温分子杂交仪，紫外交联仪，离心机，凝胶电泳仪及其电源，移液器及其枪头，杂交管，离心管，PCR 管等。

【实验操作流程】

1. DIG 标记探针的制备

①以含有待检测序列的 DNA 为模板，用探针特异性引物进行 PCR 扩增，使用胶回收试剂盒回收 PCR 产物（注意回收的浓度应在 70ng/μL 以上）。

②取约 1μg 回收的 PCR 产物，补加 ddH$_2$O 至 16μL，沸水浴 10min，随后立即转入冰水混合物中。

③加入 4μL DIG-High prime（Southern 试剂盒），混匀，微离心，37℃孵育 10～20h。

④反应完成后，65℃加热 10min 终止反应，并保存于 -20℃冰箱待用。

2. Southern blot

①提取基因组 DNA（参考实验九）。

②选择合适的限制性核酸内切酶过夜酶切消化基因组 DNA。

③用 1%琼脂糖凝胶电泳分离酶切产物（参考实验十，使用低压长时间电泳）。

④洗胶。

a. 在水平摇床上，将电泳后的凝胶用 Southern Ⅰ溶液洗涤 15min，至溴酚蓝完全变成黄色，洗完后快速用 ddH$_2$O 冲洗；

b. 用 Southern Ⅱ溶液洗涤凝胶 30min，至溴酚蓝完全恢复到原来的蓝色，洗完后快速用 ddH$_2$O 冲洗；

c. 用 Southern Ⅲ溶液洗涤凝胶 30min，洗完后快速用 ddH$_2$O 冲洗；

d. 最后用 Southern Ⅳ溶液洗涤凝胶 15min，随后转移至 20×SSC 溶液中待用。

⑤转膜：将尼龙膜切成凝胶对应的大小，快速在 ddH$_2$O 中浸湿，然后在 20×SSC 溶液中浸泡 15min（可与 Southern Ⅳ溶液洗胶步骤同时进行）。另准备 6 张同样大小的滤纸，一叠同样大小的吸水纸，以及一张长条状滤纸（宽度大于凝胶）。按图 3-1 所示顺序摆放凝胶等材料，浸泡在 20×SSC 溶液中，转膜 12h 以上。

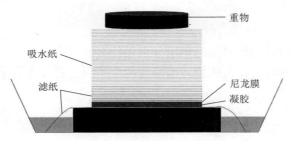

图 3-1　转膜材料摆放示意图

⑥紫外交联：转膜结束后拿出尼龙膜（注意标明尼龙膜的正反面，正面为有 DNA 的一面），将其置于紫外交联仪中，紫外交联 30s，交联完成后的膜可以在 4℃中保存。

⑦预杂交：取出 DIG Easy Hyb（Southern 试剂盒），初次使用时向其中加入 64mL ddH$_2$O，使粉末完全溶解，此溶液即为预杂交液。于 42℃水浴中预热预杂交液，将交联后的膜反面贴壁放入杂交管中，再将 20mL 预杂交液加到杂交管中，注意尽量不要起泡，拧好管口防止漏液。将杂交管置于恒温分子杂交仪中 42℃预杂交 30min 以上。

⑧杂交：将合成好的探针沸水浴 5min，而后立即转入冰浴，微离心，将 20μL 探针加到杂交管内的预杂交液中（探针不要碰到膜，小心混匀，不要起泡），即为杂交液；将杂交管放回 42℃的恒温分子杂交仪中，杂交 4h 以上。杂交液可以储藏在−15～−25℃，可以反复使用几次，每次使用前需要提前 68℃重新变性 10min。

⑨洗膜：杂交完成后，在水平摇床上将膜用冷洗液洗涤两次，每次洗 5min；将热洗液提前预热至 68℃，在恒温分子杂交仪（68℃）中用热洗液再洗涤膜两次，每次洗 15min；随后，用洗涤缓冲液在水平摇床上洗涤膜 2min；最后将膜浸泡于马来酸缓冲液中 3min。

⑩封闭与抗体孵育：取 2mL 10×Blocking Solution（Southern 试剂盒），用马来酸缓冲液稀释 10 倍至 20mL，将其加到杂交管中，再将膜反面贴壁放入杂交管中，在恒温分子杂交仪中 25℃封闭 1h。封闭完成后，向杂交管中加入 1μL Anti-Digoxigenin-AP Conjugate（Southern 试剂盒），在恒温分子杂交仪中 25℃孵育 30min。

⑪洗抗体：取出尼龙膜，在水平摇床上用洗涤缓冲液洗涤三次，每次 15min；洗涤完成后，再将膜在检测缓冲液中浸泡 2min。

⑫加底物：取 100μL NBT/BCIP 底物（Southern 试剂盒），用检测缓冲液稀释至 5mL 并加到膜上，用封口膜（Parafilm）覆盖，暗处理过夜。

【注意事项】

1. 在选择限制性核酸内切酶时，靶标 DNA 上应不含该酶切位点。

2. 根据待检测基因组 DNA 所属物种差异，需要处理的基因组 DNA 的量存在差异，一般至少需要 10μg，因此，在提取基因组 DNA 时需保证 DNA 的含量。

3. 在进行转膜时，应注意盐桥与胶、胶与尼龙膜及尼龙膜与滤纸之间不要有气泡，凝胶四周应放上封口膜，防止短路。

【思考题】
1. 洗涤琼脂糖凝胶时四种溶液的作用分别是什么？
2. 预杂交与封闭步骤有什么作用，遗漏这两个步骤会有什么后果？

第四章 酶及维生素

基础性实验类

实验十六 唾液淀粉酶的性质实验

【实验目的】

1. 了解环境因素对酶活性的影响及酶的专一性。
2. 掌握酶活性定性分析的方法和注意事项。

【实验原理】

酶的专一性是指一种酶只能专一地作用于一种或一类底物,而不能对别的底物起作用。淀粉和蔗糖都无还原性,但淀粉水解后最终产物为葡萄糖,蔗糖水解产物为果糖和葡萄糖,均为还原糖。还原糖的醛基或酮基能还原本尼迪克特(Benedict)试剂中的二价铜离子,生成砖红色的氧化亚铜沉淀。唾液淀粉酶只能催化淀粉水解,对蔗糖的水解无催化作用。因此可以通过 Benedict 试剂检验唾液淀粉酶的底物特异性。

淀粉在唾液淀粉酶的作用下被逐步水解成不同大小的糊精、麦芽糖、葡萄糖,水解的中间产物遇碘呈现不同的颜色:淀粉溶液遇碘呈蓝色,糊精遇碘按照分子大小分别呈紫色、暗褐色或红色,麦芽糖、葡萄糖遇碘则不变色,呈碘液的淡黄色。根据水解液的颜色,可以判断唾液淀粉酶催化的淀粉水解是否已完全,因此可以通过这个方法定性观察温度、pH 对唾液淀粉酶活性的影响。

酶的催化活性与环境 pH 有密切关系。通常各种酶只在一定 pH 范围内才具有活性,酶活性最高时的 pH,称为酶的最适 pH,高于或低于最适 pH 时酶的活性都会逐渐降低。不同酶的最适 pH 不是一个特征性的物理常数,对于一种酶,其最适 pH 因缓冲液和底物的性质不同而有差异。温度对酶的活力具有双重影响:温度升高,酶促反应速率升高;由于大部分酶的本质是蛋白质，温度升得过高，可引起酶的变性，从而使酶促反应速率降低。因此，酶的最适温度不是一个常数，它与酶作用时间的长短有关。能使酶活性增加的物质称为激活剂，能使酶活性降低的物质称为抑制剂。激活剂和抑制剂常具有特异性。激活剂和抑制剂不是绝对的，浓度的改变可能使激活剂变成抑制剂。

【实验试剂与仪器】

1. 实验试剂

2%蔗糖溶液，本尼迪克特（Benedict）试剂，0.5%淀粉溶液，0.5%淀粉溶液（含0.3%NaCl），1%氯化钠溶液，1%硫酸铜溶液，0.2mol/L 磷酸氢二钠溶液，0.1mol/L 柠檬酸溶液，碘液。

2. 实验仪器

试管及试管架，锥形瓶，滴管，pH 试纸，移液器，电磁炉，冰盒，恒温水浴装置。

【实验操作流程】

1. 新鲜唾液稀释液的制备

①实验者用蒸馏水漱口，除去食物残渣，含一口蒸馏水在口中，轻漱 1min，将水吐入小烧杯中。

②将杯中液体稀释一倍，得到新鲜唾液稀释液。

2. 淀粉酶的专一性实验

①取 2 支试管，分别编号。一支加入 3mL 0.5%淀粉溶液，另一支加入 3mL 2%蔗糖溶液。

②分别往 2 支试管中各加入 1mL 新鲜唾液稀释液，摇匀，放入 37℃恒温水浴中孵育 15min。

③分别往 2 支试管中各加入 2mL 本尼迪克特试剂，摇匀，沸水煮沸 2min。

④观察并记录结果。

3. pH 对酶活性的影响

①取 3 个 100mL 锥形瓶，配制 pH 分别为 5.0、6.8、8.0 的缓冲溶液，分别编号。

②取 3 支试管，分别编号。1 号试管加入 2mL pH 为 5.0 的缓冲液，2 号试管加入 2mL pH 为 6.8 的缓冲液，3 号试管加入 2mL pH 为 8.0 的缓冲液，向各管分别加入 1mL 含 0.3%NaCl 的 0.5%淀粉溶液。

③每隔 1min 逐管加入 1mL 新鲜唾液稀释液，充分摇匀，37℃水浴 10min。

④达到保温时间后，每隔 1min 依次取出试管，立即加 1～2 滴碘液，摇匀。

⑤观察并记录结果。

4. 温度对酶活性的影响

①取 3 支试管，各加 2mL 含 0.3%NaCl 的 0.5%淀粉溶液。

②另取 3 支试管，各加 1mL 新鲜唾液稀释液。
③将此 6 支试管分为三组，每组中含盛有淀粉溶液和新鲜唾液稀释液的试管各一支。
④三组试管分别置于 0℃、37℃和 100℃水浴中 5min。
⑤将同组内的淀粉溶液倒入唾液管中，充分摇匀，继续在各自的温度条件下反应 5min。
⑥随后立即取出 0℃、37℃水浴的唾液管，加入 1～2 滴碘液。取出 100℃水浴的唾液管并迅速冷却后，加入 1～2 滴碘液。
⑦观察并记录溶液颜色的变化。

5. 激活剂与抑制剂对酶活力的影响
①取 3 支试管，分别编号。1 号管加入 1mL 1%氯化钠溶液，2 号管加入 1mL 1%硫酸铜溶液，3 号管加入 1mL 蒸馏水。
②各管分别加入 3mL 0.5%淀粉溶液和 1mL 新鲜唾液稀释液，充分摇匀，放入 37℃恒温水浴中反应 5min。
③5min 后每隔 1min 从 1 号试管中用移液器吸取 50μL 反应液，于培养皿上与碘液反应来检查淀粉的水解程度。
④待 1 号试管内的溶液遇碘不再变色后，立即取出所有试管，各加 1～2 滴碘液。
⑤观察并记录溶液颜色的变化。

【注意事项】

不同人唾液中唾液淀粉酶的活性不同，故进行本实验前需要先做唾液淀粉酶稀释度的确定实验，以确定最佳稀释度。

【思考题】

1. 如何定量研究影响酶活力的因素？
2. 酶活力研究的应用意义有哪些？

实验十七　肝脏谷丙转氨酶活力测定

【实验目的】

1. 了解谷丙转氨酶活力测定的基本原理。
2. 掌握谷丙转氨酶活力测定的方法。

【实验原理】

谷丙转氨酶（glutamic-pyruvic transaminase，GPT）催化丙氨酸和α-酮戊二酸发生转氨基化反应，生成丙酮酸和谷氨酸。加入2,4-二硝基苯肼溶液，不仅终止上述反应，而且其与丙酮酸中的羰基发生加成反应，生成丙酮酸苯腙。苯腙在碱性条件下呈红棕色，可以在520nm处读取吸光度值并计算酶活力。

【实验试剂与仪器】

1. 实验试剂

①0.1mol/L 磷酸盐缓冲液（pH 7.4）：在合适的容器中准备800mL蒸馏水，向溶液中加入20.209g 磷酸氢二钠七水合物、3.394g 磷酸二氢钠一水合物，将溶液pH调节至7.4，加入蒸馏水定容至1L。

②谷丙转氨酶底物溶液：准确称取29.2mg α-酮戊二酸（2mmol/L）、1.78g D,L-丙氨酸（200mmol/L），溶于50mL 0.1mol/L 磷酸盐缓冲液（pH 7.4）中，用20%NaOH溶液调节pH至7.4，然后加入0.1mol/L 磷酸盐缓冲液（pH 7.4）至100mL，再加几滴氯仿防腐，冰箱保存可放置一周。

③2,4-二硝基苯肼溶液（1mmol/L）：取20mg 分析纯2,4-二硝基苯肼，用1mol/L HCl溶解并定容至100mL，置于棕色瓶中保存。

④其他试剂：丙酮酸标准液（2μmol/mL），氢氧化钠溶液（0.4mol/L）。

2. 实验仪器

试管及试管架，台式离心机，电子天平，恒温水浴锅，剪刀，移液管，分光光度计。

【实验操作流程】

1. 肝匀浆制备

将猪肝脏用生理盐水冲洗，滤纸吸干。称取0.1g 肝脏，将其剪成小块置于烧杯内，加入1mL 预冷的0.1mol/L 磷酸盐缓冲液（pH 7.4），研磨成肝匀浆。于4℃ 3500×g 离心10min，取上清液，置于冰上待测。

2. 谷丙转氨酶活力检测

①分光光度计预热 30min 以上,调节波长至 520nm,用蒸馏水调零。

②标准曲线的稀释:将 2μmol/mL 丙酮酸标准液用 0.1mol/L 磷酸盐缓冲液(pH 7.4)梯度稀释,具体按照表 4-1 进行混合。

表 4-1 丙酮酸标准液梯度稀释对照表

丙酮酸标准液/μL	0.1mol/L 磷酸盐缓冲液(pH 7.4)/μL	标准管浓度/(μmol/mL)
22.5	7.5	1.5
15	15	1
12	18	0.8
6	24	0.4
3	27	0.2
1.5	28.5	0.1
0.75	29.25	0.05
0	30	0

③取 3 支规格相同的试管,按表 4-2 对各管进行编号并加入试剂。

表 4-2 试管加样表

试剂名称	对照管/mL	测定管/mL	标准管/mL
待测样本	—	0.1	—
丙酮酸标准液	—	—	0.1
37℃预温 10min 的谷丙转氨酶底物溶液	0.5	0.5	0.5
充分摇匀后,置于 37℃水浴反应 30min			
1mmol/L 2,4-二硝基苯肼溶液	0.5	0.5	0.5
待测样本	0.1	—	—
充分摇匀后,置于 37℃水浴反应 20min			
0.4mol/L NaOH 溶液	5	5	5
室温静置 10min,520nm 波长处测吸光度			

3. 结果计算

(1)标准曲线的绘制

以各标准溶液浓度为 x 轴,以 A_{520} 为 y 轴做标准曲线,得到方程 $y = kx + b$;将($A_{测定管} - A_{对照管}$)代入方程求 x 值。

(2)谷丙转氨酶活力计算

关于酶活力单位,通常以每小时每克(g)样本催化产生 1μmol 丙酮酸为一个谷丙转氨酶活力单位（1U）。

$$\text{谷丙转氨酶活力(U/g)} = x \times (V_{样本} + V_{谷丙转氨酶底物溶液}) \div (W \times V_{样本} \div V_{样总}) \div T = 12x \div W$$

式中，$V_{样本}$为样本体积，为 0.1mL；$V_{谷丙转氨酶底物溶液}$为谷丙转氨酶底物溶液体积，为 0.5mL；W为样本质量，本实验为 0.1g；$V_{样总}$为提取液总体积，本实验为 1mL；T为反应时间，本实验为 0.5h。

【注意事项】

1. 在测定谷丙转氨酶活力时，应事先将底物、待测样本在 37℃水浴中保温，然后在测定管中加入底物，准确计时。
2. 标准曲线上数值在 20~500U 是准确可靠的，超过 500U 时，需将样品稀释。
3. 谷丙转氨酶只能作用于α-L-氨基酸，对 D-氨基酸无作用。实验室多用α-D,L-氨基酸，若用 L-氨基酸，则用量减半。
4. 待测样本吸光度的测定需在显色后 30min 内完成。

【思考题】

1. 实验中的对照管、测定管和标准管分别有什么作用？
2. 测定肝脏中转氨酶的活力有怎样的生理意义？

实验十八 过氧化氢酶米氏常数的测定

【实验目的】

1. 学习和掌握米氏常数（K_m）及最大反应速率（V_{max}）的测定原理和方法。
2. 掌握过氧化氢酶K_m测定的原理和操作方法。

【实验原理】

在温度、pH及酶浓度恒定的条件下，底物浓度对酶促反应速率有很大的影响。在底物浓度很低时，酶促反应速率（ν）随底物浓度的增加而迅速增加；随着底物浓度的继续增加，反应速率的增加开始减慢；当底物浓度增加到某种程度时，反应速率达到一个极限值（V_{max}）。底物浓度与酶促反应速率的关系可用米氏方程（Michaelis-Menten equation）表示：

$$\nu = \frac{V_{max}[S]}{K_m + [S]}$$

式中，ν为酶促反应速率；K_m为米氏常数；V_{max}为最大反应速率；[S]为底物浓度。

从米氏方程可见：米氏常数K_m等于酶促反应速率达到最大反应速率一半时的底物浓度，米氏常数的单位就是浓度单位（mol/L 或 mmol/L）。在酶学分析中，K_m是酶的一个基本特征常数，它反映了酶与底物结合和解离的性质。K_m与底物浓度、酶浓度无关，与pH、温度、离子强度等因素有关。每一个酶促反应，在一定条件下都有其特定的K_m值，因此可用K_m鉴别酶。K_m一般用双倒数作图法（Linewaver-Burk plot）求得。该法根据米氏方程的倒数形式，以$\frac{1}{\nu}$对$\frac{1}{[S]}$作图，直线与x轴的交点即为$-\frac{1}{K_m}$，如图4-1所示。

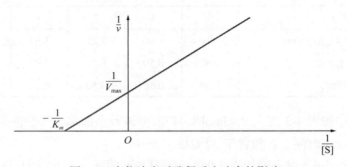

图 4-1 底物浓度对酶促反应速率的影响

过氧化氢酶（CAT）属于血红蛋白酶，含有铁，它能催化过氧化氢分解为水和分子氧，其中，铁起传递电子的作用，过氧化氢既是氧化剂又是还原剂。

$$2H_2O_2 \xrightarrow{CAT} 2H_2O + O_2\uparrow$$

H_2O_2 浓度可用 $KMnO_4$ 在硫酸存在下滴定测得。

$$2KMnO_4 + 5H_2O_2 + 3H_2SO_4 = 2MnSO_4 + K_2SO_4 + 5O_2\uparrow + 8H_2O$$

反应前后 H_2O_2 的浓度差即为酶促反应速率（v），通过双倒数作图法可求出过氧化氢酶的米氏常数。

【实验试剂与仪器】

1. 实验试剂

0.02mol/L 磷酸缓冲液（pH 7），0.004mol/L $KMnO_4$ 溶液，0.05mol/L H_2O_2 溶液（需标定），25% H_2SO_4 溶液。

2. 实验仪器

锥形瓶、吸管、酸式滴定管。

【实验操作流程】

1. 酶液的提取

称取 5g 马铃薯（去皮），加 10mL 0.02mol/L 磷酸缓冲液，再加少量海砂，研磨成匀浆，3000r/min 离心 10min，上清液即为酶液。

2. 酶促反应速率的测定

取六只干燥的锥形瓶，分别编号，按表 4-3 顺序加入试剂。

表 4-3 加样表

编号	0	1	2	3	4	5
0.05mol/L H_2O_2 溶液/mL	0	1.00	1.25	1.67	2.50	5.00
蒸馏水/mL	9.50	8.50	8.25	7.83	7.00	4.50
酶液/mL	0.50	0.50	0.50	0.50	0.50	0.50

①在锥形瓶中按表 4-3 加入 0.05mol/L H_2O_2 溶液及蒸馏水，加酶液后立即混合，依次记录各瓶的起始反应时间，各瓶置于 37℃反应 5min。

②反应时间达 5min 时立即加入 2.0mL 25% H_2SO_4 溶液，充分混匀以终止反应。

③用 0.004mol/L $KMnO_4$ 溶液滴定各瓶中剩余的 H_2O_2 至微红色，记录消耗的 $KMnO_4$ 溶液体积（mL）。

3. 实验数据收集

按表 4-4 的内容收集各项实验数据。

表 4-4　实验数据收集表

项目	0	1	2	3	4	5
①加入 H_2O_2 的体积/mL						
②加入 H_2O_2 的量 = ① × 0.05/mmol						
③底物浓度 $[S]$ = ② ÷ 10/（mmol/mL）						
④滴定消耗的 $KMnO_4$ 溶液体积/mL						
⑤剩余 H_2O_2 的量 = ④ × 0.004 × 5 ÷ 2/mmol						
⑥酶促反应速率 v = ② − ⑤						

4. 绘图

按实验原理中介绍的方法作图，即可得到 K_m 值。

【注意事项】

1. 实验过程中应准确控制各瓶中酶促反应的时间一致。
2. 各种试剂的加量应准确。
3. 酶浓度须均一，若酶活力过大，应适当稀释。

【思考题】

1. 酶米氏常数的测定会受到哪些因素的影响？
2. 米氏常数对酶学研究有怎样的意义？

实验十九　琥珀酸脱氢酶的竞争性抑制

【实验目的】

1. 掌握竞争性抑制的概念及作用机制。
2. 了解在无氧情况下观察琥珀酸脱氢酶作用的简单方法。

【实验原理】

化学结构与酶作用的底物结构相似的物质，可与底物竞争结合酶的活性中心，使酶的活性降低甚至丧失，这种抑制作用称为竞争性抑制作用。琥珀酸脱氢酶是机体内参与三羧酸循环的一种重要的脱氢酶，其辅基为 FAD，如心肌中的琥珀酸脱氢酶在缺氧的情况下，可使琥珀酸脱氢生成延胡索酸，脱下的氢可将蓝色的亚甲蓝还原成无色的甲烯白。这样，便可以显示琥珀酸脱氢酶的作用。

$$\text{琥珀酸} + \text{亚甲蓝} \xrightarrow[\text{无氧条件}]{\text{琥珀酸脱氢酶}} \text{延胡索酸} + \text{甲烯白}$$

丙二酸的化学结构与琥珀酸相似，它能与琥珀酸竞争而和琥珀酸脱氢酶结合。若琥珀酸脱氢酶已与丙二酸结合，则不能再催化琥珀酸脱氢，这种现象称为竞争性抑制。相对地增加琥珀酸的浓度，则可减轻丙二酸的抑制作用。

【实验试剂与仪器】

1. 实验试剂

①0.10mol/L 磷酸盐缓冲液（pH 7.4）：取 19mL 0.1mol/L NaH_2PO_4 溶液，加入 81mL 0.1mol/L Na_2HPO_4 溶液，混合即得。

②0.093mol/L 琥珀酸钠溶液：取 1.5g 琥珀酸钠，溶于 100mL 蒸馏水中，即得。

③0.10mol/L 丙二酸钠溶液：取 1.5g 丙二酸钠，溶于 100mL 蒸馏水中，即得。

④其他试剂：0.02%亚甲蓝溶液，液体石蜡。

2. 实验仪器

手术剪，镊子，磁盘，匀浆器，量筒，烧杯，纱布，滤纸，试管及试管架，恒温水箱，电热水浴锅。

【实验操作流程】

①含酶的肝匀浆液的制备：取新鲜兔肝，立即剪碎，放于组织匀浆机中研碎，加入 pH 7.4 的 0.10mol/L 磷酸盐缓冲液，制备成 200g/L 含酶的肝匀浆液备用。

②取五支规格一致的试管，分别编号，按表 4-5 配制反应体系。

表 4-5　反应体系配制表

试管	0.093mol/L 琥珀酸钠溶液/mL	0.10mol/L 丙二酸钠溶液/mL	0.10mol/L 磷酸盐缓冲液（pH 7.4）/mL	含酶的肝匀浆液/mL	0.02%亚甲蓝溶液/滴
1	—	1	2	1	3
2	1.5	0.5	1	1	3
3	1	1	2	—	3
4	2	—	1	1	3
5	1	1	1	1	3

将各管溶液混匀后，加一薄层液体石蜡，静置（此时不可摇动！），观察各管中的颜色变化，并记录各管颜色完全变化的时间。

【注意事项】

1. 含酶的肝匀浆液的制备应操作迅速，以防止酶活性降低。
2. 加入液体石蜡的作用是隔绝空气，以避免空气中的氧气对实验造成影响，因此加液体石蜡时试管壁要倾斜，注意不要产生气泡。
3. 37℃水浴保温过程中，不能摇动试管，避免空气中的氧气接触反应溶液，使得还原型的甲烯白重新氧化成蓝色。
4. 37℃水浴保温过程中，要注意随时观察各试管的褪色情况。
5. 实验结束后，一定要洗净试管内的液体石蜡。

【思考题】

1. 酶促反应抑制的分类及其特点？
2. 本实验中液体石蜡起什么作用？
3. 各管中的反应体系配好后为什么不能再摇动？

综合性实验类

实验二十　不同果蔬中维生素 C 含量的测定

【实验目的】

1. 了解维生素 C 的生理功能。
2. 掌握维生素 C 含量测定的原理和操作方法。
3. 知道不同果蔬中维生素 C 含量的差异。

【实验原理】

维生素 C 是人类营养中最重要的维生素之一，缺少它时会引发坏血病，因此又称为抗坏血酸（ascorbic acid）。它对物质代谢的调节具有重要的作用。近年来，研究发现它不仅能增强机体对肿瘤的抵抗力，还具有阻断化学致癌物的作用。

维生素 C 主要存在于新鲜水果及蔬菜中。水果以刺梨中维生素 C 的含量最多，每 100g 中含 2800mg，有 "维生素 C 王" 之称，在猕猴桃、柠檬、橘子和橙子中维生素 C 的含量也非常丰富；蔬菜以辣椒中维生素 C 的含量最高，在番茄、甘蓝、萝卜、青菜中维生素 C 的含量也十分丰富。维生素 C 为无色晶体，味酸，溶于水及乙醇，不耐热，在碱性溶液中极不稳定，日光照射后易被氧化破坏，有微量铜、铁等重金属离子存在时更易氧化分解，干燥条件下较为稳定。故维生素 C 制剂应在干燥、低温和避光处保存；在烹调蔬菜时，不宜烧煮过度并应避免接触碱和铜器。

维生素 C 具有很强的还原性，分为还原型和脱氢型。还原型抗坏血酸能还原染料 2,6-二氯酚靛酚（DCPIP），本身则被氧化为脱氢型。在酸性溶液中，2,6-二氯酚靛酚呈红色，还原后变为无色，如图 4-2 所示。因此，当用此染料滴定含有维生素 C 的酸性溶液时，维生素 C 未全部被氧化前，滴下的染料立即被还原成无色。一旦溶液中的维生素 C 全部被氧化，则滴下的染料立即使溶液变成粉红色。所以，当溶液从无色变成微红色时即表示溶液中的维生素 C 刚刚全部被氧化，此时即为滴定终点。如无其他杂质干扰，样品提取液所还原的标准染料量与样品中所含还原型抗坏血酸量成正比。

【实验试剂与仪器】

1. 实验试剂

①2% 草酸溶液：取 2g 草酸，溶于 100mL 蒸馏水中，即得。

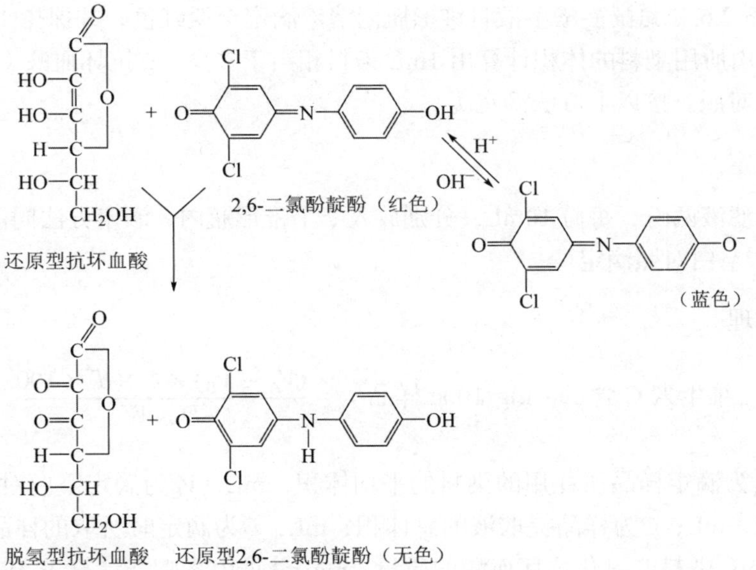

图 4-2　维生素 C 还原染料 DCPIP

②1%草酸溶液：取 1g 草酸，溶于 100mL 蒸馏水中，即得。

③标准抗坏血酸溶液（1mg/mL）：准确称取 100mg 纯抗坏血酸（应为洁白色，如变为黄色则不能用），溶于 1%草酸溶液中，并稀释至 100mL，贮存于棕色瓶中，冷藏。最好临用前配制。

④0.1% 2,6-二氯酚靛酚溶液：250mg 2,6-二氯酚靛酚溶于 150mL 含有 52mg $NaHCO_3$ 的热水中，冷却后加水稀释至 250mL，贮存于棕色瓶中，冷藏（4℃），约可保存一周。每次临用时，以标准抗坏血酸溶液标定。

2. 实验材料

橘子、黄瓜、梨子等。

3. 实验仪器

100mL 锥形瓶，10mL 移液管，100mL 容量瓶，250mL 容量瓶，50mL 容量瓶，5mL 微量滴定管，研钵，漏斗，纱布。

【实验操作流程】

1. 提取

用水洗净整株新鲜蔬菜或整个新鲜水果，用纱布或吸水纸吸干表面水分。然后称取 20g，加入 20mL 2%草酸溶液，根据实验设计需要处理样品。用研钵研磨，四层纱布过滤，滤液备用。纱布可用少量 2%草酸溶液洗几次，合并滤液，滤液总体积定容至 50mL。

2. 标准液滴定

准确吸取 1mL 标准抗坏血酸溶液置于 100mL 锥形瓶中，加 9mL 1%草酸溶液，用微量滴定管以 0.1% 2,6-二氯酚靛酚溶液将锥形瓶内溶液滴定至淡红色，并保持 15s 不褪色，即达滴定终点。由所用染料的体积计算出 1mL 染料相当于多少 mg 抗坏血酸（取 10mL 1% 草酸溶液作空白对照，按以上方法滴定）。

3. 样品滴定

准确吸取滤液两份，每份 10mL，分别放入 2 个锥形瓶内，滴定方法同前。另取 10mL 1% 草酸溶液作空白对照滴定。

4. 数据处理

$$\text{维生素 C 含量}(\text{mg}/100\text{g 样品}) = \frac{(V_A - V_B) \times C \times T \times 100}{D \times W}$$

式中，V_A 为滴定样品所耗用的染料的平均体积，mL；V_B 为滴定空白对照所耗用的染料的平均体积，mL；C 为样品提取液的总体积，mL；D 为滴定时所取的样品提取液体积，mL；T 为每 1mL 染料能氧化抗坏血酸的质量，mg/mL（由步骤 2 计算）；W 为待测样品的质量，mg。

【注意事项】

1. 某些水果、蔬菜（如橘子、番茄等）浆状物泡沫太多，可加数滴丁醇或辛醇。
2. 整个操作过程要迅速，防止还原型抗坏血酸被氧化。滴定过程一般不超过 2min。滴定所用的染料不应少于 1mL 或多于 4mL，如果样品中维生素 C 含量太高或太低，可酌情增减样品提取液用量或改变提取液稀释度。
3. 提取的浆状物如不易过滤，亦可离心，留取上清液进行滴定。

【思考题】

1. 为了测得准确的维生素 C 含量，实验过程中应注意哪些操作步骤？为什么？
2. 不同果蔬中维生素 C 含量是有差异的，那么同一样品的不同组织部位中维生素 C 含量有没有差异呢？请你设计实验，加以验证。

实验二十一　大蒜中超氧化物歧化酶的提取

【实验目的】

1. 学习并掌握大蒜中超氧化物歧化酶（SOD）提取与纯化的方法及原理。
2. 学习并掌握邻苯三酚自氧化法测定 SOD 活性的方法。

【实验原理】

超氧化物歧化酶（superoxide dismutase，SOD）广泛存在于动植物及微生物体内，可催化细胞内超氧负离子（O_2^-）的歧化反应，使O_2^-转化为 H_2O_2 和 O_2。因此，SOD 是一种具有抗脂质氧化、抗衰老、抗辐射和消炎作用的药用酶及功能性酶，在医药、食品、化妆品等领域有着广阔的应用前景。

SOD 是一种亲水性的酸性酶，在酶分子上共价联结金属辅基，按照其结合的金属离子，主要可分为 Fe-SOD、Mn-SOD 和 Cu/Zn-SOD 3 种。Cu/Zn-SOD 是分布最广且最重要的 SOD，主要存在于真核细胞的细胞质内，分子质量约为 32kD，一般由两个亚基组成。SOD 对热、pH 以及某些理化因素有很强的稳定性，即使温度达到 60℃，经短时处理其活性也几乎无损失；同时，其活性不受乙醇和氯仿影响，但 Cu/Zn-SOD 对氰化物及过氧化氢均敏感。SOD 不溶于丙酮，可用丙酮将其沉淀析出。Cu/Zn-SOD 中色氨酸含量低，其最大紫外吸收波长为 258nm，但由于其含铜，所以在可见光 680nm 处有最大吸收。

国内测定 SOD 活力一般采用邻苯三酚自氧化法或改良的邻苯三酚自氧化法。在碱性条件下，邻苯三酚会迅速自氧化生成有色中间产物，同时生成超氧负离子。中间产物在 325nm 和 420nm 波长处均有强烈的光吸收。邻苯三酚的自氧化速率与 O_2^- 的浓度有关。当有 SOD 存在时，由于它可催化超氧负离子的歧化反应，生成氧和过氧化氢，从而抑制邻苯三酚的自氧化，阻止了中间产物的积累。因此，可通过监测 SOD 对这个反应的抑制程度间接测定 SOD 活力。大蒜中的 SOD 主要为 Cu/Zn-SOD，故本实验从大蒜中提取与纯化超氧化物歧化酶（SOD），并测定其活力。

【实验试剂与仪器】

1. 实验试剂

①0.1mol/L Tris-HCl 缓冲液（pH 8.2，内含 2mmol/L EDTA）：100mL 0.2mol/L Tris（内含 4mmol/L EDTA）与 44.76mL 0.2mol/L HCl 混合，加双蒸水至 200mL，调 pH 至 8.2±0.01，即得。

②其他试剂：硫酸铵固体，磷酸缓冲液（pH 7.8，0.05mol/L），EDTA（0.1mmol/L），邻苯三酚（50mmol/L）。

2. 实验材料

大蒜。

3. 实验仪器

恒温水浴锅，分光光度计，试管，研钵，烧杯，量筒，搅拌棒，高速离心机，葡聚糖凝胶 G-75 色谱柱。

【实验操作流程】

1. SOD 粗提取

取 35g 大蒜，去皮洗净后加入少量预冷的 pH 7.8 的磷酸缓冲液（含 0.1mmol/L 的 EDTA），冰浴研磨，用少量磷酸缓冲液冲洗研钵。将匀浆液于 10000r/min 离心 20min，取上清液，于 60℃水浴 20min，待其冷却后于 10000r/min 冷冻离心 20min，弃去沉淀，取上清液，测定体积，置于 4℃冰箱中保存备用。

2. SOD 纯化沉淀分离（硫酸铵分级盐析法）

将硫酸铵晶体研磨成粉末后，称取一定质量的硫酸铵粉末缓慢加入 SOD 粗提液中，使之达到 50%的饱和度，再置于 4℃冰箱静置 30min，10000r/min 冷冻离心 20min，除去杂质蛋白，取上清液，测量体积。在上清液中再加入硫酸铵粉末使之达到 90%的饱和度，于 4℃冰箱放置 2h，10000r/min 冷冻离心 20min，收集沉淀。将沉淀溶于 0.05mol/L、pH 7.8 磷酸缓冲液。

3. 柱色谱法提纯酶液

将提纯后的 SOD 溶液加载到葡聚糖凝胶 G-75 色谱柱上，洗脱过程中，使用台式记录仪实时监测，每划一个峰用试管收集对应流出液。检测每一试管的 SOD 活性。

4. SOD 活性测定（邻苯三酚自氧化法）

在试管中加入 4.5mL Tris-HCl 缓冲液，加入 10μL 待测样液，在 25℃水浴保温 10min，最后加入 50mmol/L 邻苯三酚，迅速摇匀，倒入 1cm 比色杯中，在波长 325nm 下每隔 30s 测一次吸光度值，测定 3min 内每分钟吸光度值的变化，此时邻苯三酚自氧化速率计作 ΔA_{325}（A/min）。控制 SOD 浓度使每分钟吸光度的变化速率在 0.035（±0.001）左右，然后计算 SOD 活性。

5. SOD 活性的计算

通常将 1mL 反应液中每分钟抑制邻苯三酚自氧化速率达 50%时的酶量定义为一个活力单位。

酶活性计算公式：

$$\text{SOD 活性（U/mg）} = (0.070 - \Delta A_{325}) \times 100\% \times V_{总}/[0.070 \times 50\% V_0 V_S]$$

式中，ΔA_{325} 为反应液吸光度变化值；$V_{总}$ 为反应液总体积，mL；V_S 为加入样品液的体积，mL；V_0 为活力单位定义体积（1mL）。

【注意事项】

1. 0℃下硫酸铵初浓度为 0%，终浓度为 50%时，每 100mL 溶液中加 29.1g 硫酸铵固体；起始浓度为 50%，终浓度为 90%时，每 100mL 溶液中加 26.8g 硫酸铵固体。
2. 提取 SOD 时要注意在低温下进行，防止酶失活。

【思考题】

1. 查阅资料了解 SOD 的性质，还有无其他方法对酶液沉淀以获得 SOD？
2. 请简述葡聚糖凝胶 G-75 色谱柱的装柱操作。

第五章　糖类

基础性实验类

实验二十二　DNS法测定面粉中还原糖和总糖含量

【实验目的】

1. 掌握还原糖和总糖含量测定的基本原理。
2. 学习比色法测定还原糖的操作方法和分光光度计的使用方法。

【实验原理】

还原糖的测定是糖定量测定的基本方法。还原糖是指含有自由醛基或酮基的糖类，单糖都是还原糖，双糖和多糖不一定是还原糖，其中乳糖和麦芽糖是还原糖，蔗糖和淀粉是非还原糖。利用糖的溶解度不同，可将植物样品中的单糖、双糖和多糖分别提取出来，对没有还原性的双糖和多糖，可用酸水解法使其降解成有还原性的单糖进行测定，再分别求出样品中还原糖和总糖的含量（还原糖以葡萄糖含量计）。

本实验利用3,5-二硝基水杨酸法（DNS法）测定还原糖，还原糖在碱性条件下加热被氧化成糖酸及其他产物，3,5-二硝基水杨酸（DNS）则被还原为棕红色的3-氨基-5-硝基水杨酸。在一定范围内，还原糖的量与棕红色物质颜色的深浅成正比，利用分光光度计，在540nm波长下测定吸光度值，根据标准曲线计算，便可求出样品中还原糖和总糖的含量。由于多糖水解为单糖时，每断裂一个糖苷键需加入一分子水，所以在计算多糖含量时应乘以0.9。

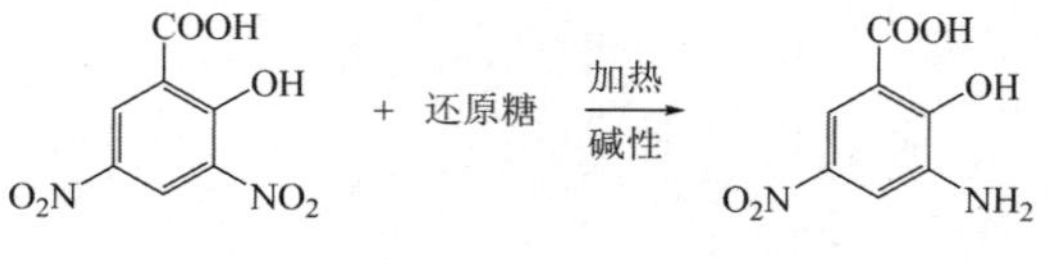

$$\text{3,5-二硝基水杨酸} + \text{还原糖} \xrightarrow[\text{碱性}]{\text{加热}} \text{3-氨基-5-硝基水杨酸}$$

【实验试剂与仪器】

1. 实验试剂

①1mg/mL 葡萄糖标准液：准确称取 100mg 90℃烘至恒重的分析纯葡萄糖，置于小烧杯中，加少量蒸馏水溶解后，转移到 100mL 容量瓶中，用蒸馏水定容至 100mL，混匀，于 4℃冰箱中保存备用。

②3,5-二硝基水杨酸（DNS）试剂：将 6.3g 3,5-二硝基水杨酸（DNS）和 262mL 2mol/L NaOH 溶液，加到 500mL 含有 185g 酒石酸钾钠的热水溶液中，再加 5g 重蒸酚和 5g 亚硫酸钠，搅拌溶解，冷却后加蒸馏水定容至 1000mL，贮存于棕色瓶中，7～10 天后才能使用。

③其他试剂：6mol/L HCl 溶液，6mol/L NaOH 溶液。

2. 实验材料

小麦面粉。

3. 实验仪器

大试管，烧杯，锥形瓶，100mL 容量瓶，移液管，吸耳球，玻璃棒，恒温水浴锅，漏斗，滤纸，白瓷缸，电炉，精度天平，分光光度计，pH 计。

【实验操作流程】

1. 制作葡萄糖标准曲线

取 7 支 2cm×20cm 大试管，分别编号，按表 5-1 分别加入浓度为 1mg/mL 的葡萄糖标准液、蒸馏水和 3,5-二硝基水杨酸（DNS）试剂，配成不同葡萄糖含量的反应液。

表 5-1 葡萄糖标准曲线绘制

管号	葡萄糖含量/mg	1mg/mL 葡萄糖标准液/mL	蒸馏水/mL	DNS 试剂/mL	吸光度值（A_{540}）
0	0	0	2	1.5	
1	0.2	0.2	1.8	1.5	
2	0.4	0.4	1.6	1.5	
3	0.6	0.6	1.4	1.5	
4	0.8	0.8	1.2	1.5	
5	1.0	1.0	1.0	1.5	
6	1.2	1.2	0.8	1.5	

将各管摇匀，在沸水浴中准确加热 5min，取出，用流动水冷却至室温，用蒸馏水补充至 20mL（即各加入 16.5mL 蒸馏水），振荡混匀，在分光光度计上进行比色。波长调为 540nm，用 0 号管调零点，测出 1～6 号管的吸光度值。以吸光度值为纵坐标，葡萄糖含量

第五章 糖类

（mg）为横坐标，在坐标纸上绘出标准曲线。

2. 样品中还原糖和总糖含量的测定

（1）还原糖的提取

准确称取 3.00g 食用面粉，放入 100mL 烧杯中，先用少量蒸馏水调成糊状，然后加入 50mL 蒸馏水，搅匀，置于 50℃恒温水浴中保温 20min，使还原糖浸出。将浸出液转移至 100mL 容量瓶，定容至 100mL，混匀，过滤，滤液作为还原糖提取液，待测。

（2）总糖的水解和提取

准确称取 1.00g 食用面粉，放入 100mL 锥形瓶中，加入 15mL 蒸馏水及 10mL 6mol/L HCl 溶液，置沸水浴中加热水解 30min。待锥形瓶中的水解液冷却后，用 6mol/L NaOH 溶液中和（大约 10mL），用 pH 计监测溶液酸碱度，直至 pH 7。随后将液体转移至 100mL 容量瓶，用蒸馏水定容至 100mL，混匀。将定容后的水解液过滤，取 1mL 滤液，移入另一含 9mL 水的试管中，混匀，作为总糖待测液。

（3）显色和比色

取 7 支 2cm×20cm 大试管，编号，按表 5-2 所示分别加入待测液和显色剂，用 7 号管进行空白调零。加热、定容和比色等其余操作与制作标准曲线相同。

表 5-2 样品还原糖含量测定

管号	还原糖待测液/mL	总糖待测液/mL	蒸馏水/mL	DNS 试剂/mL	吸光度值 (A_{540})	葡萄糖含量/mg
7			2.0	1.5		—
8	1.0		1.0	1.5		
9	1.0		1.0	1.5		
10	1.0		1.0	1.5		
11		1.0	1.0	1.5		
12		1.0	1.0	1.5		
13		1.0	1.0	1.5		

3. 数据处理

根据 8、9、10 号管吸光度值和 11、12、13 号管吸光度值，在标准曲线上分别查出相应的还原糖含量，分别计算出还原糖待测液和总糖待测液中还原糖含量的平均值，按下式计算样品中还原糖和总糖的含量。

$$还原糖含量（\%）=\frac{查标准曲线所得还原糖含量\times稀释倍数}{样品质量}\times100\%$$

$$总糖含量（\%）=\frac{查标准曲线所得总糖水解后还原糖含量\times稀释倍数}{样品质量}\times0.9\times100\%$$

【注意事项】

1. 试管、烧杯和锥形瓶事先要洗净烘干,试管要提前标号。移液管使用前要润洗,移液管要专管专用。

2. 分光光度计要预热 30min。比色皿要用擦镜纸擦干,尤其是光滑面,不能用手碰。

3. 用分光光度计比色时,应注意每次都应该把比色皿用蒸馏水洗两遍,再用待测液润洗,之后再装待测液。

4. 标准曲线制作与样品测定尽量同时进行显色,并使用同一参比溶液调零点和比色。

【思考题】

1. 3,5-二硝基水杨酸法是如何对总糖含量进行测定的?
2. 比色测定时为什么要设计空白管?
3. 注意事项中要求,用分光光度计比色时,每次都应该把比色皿用蒸馏水洗两遍,这是为什么?如果不洗会造成什么影响?

实验二十三 薄层色谱法分离鉴定糖

【实验目的】

1. 学习并掌握薄层色谱法的基本原理和操作方法。
2. 掌握影响分配系数的因素。

【实验原理】

薄层色谱法是一种微量且快速的色谱方法。1938年，Izmailov和Schraiber率先采用氧化铝薄层分离了植物提取液，拉开了薄层色谱法应用的帷幕。该法是在均匀涂布了吸附剂或支持剂的薄层上进行的，故称为薄层色谱法。

为了使样品各组分得到分离，必须选择合适的吸附剂。硅胶、氧化铝和聚酰胺是目前广泛采用的吸附剂，硅藻土和纤维素是分配色谱法中最常用的支持剂。在吸附剂或支持剂中添加适合的黏合剂再进行涂布，可使薄层牢固地粘在玻璃板或涤纶片基这类基底上。

硅胶G是一种添加了黏合剂的硅胶粉，约含12%～13%的石膏，它可以把一些物质从溶液中吸附于自身的表面上，利用它对各种物质的吸附能力不同这一特性，用适当的溶剂系统展层使不同的物质得以分离。

糖在硅胶G薄层上的移动速度与糖的分子量和羟基数有关，经过适当的溶剂展开后，糖在薄层上的移动速度是：戊糖＞己糖＞双糖＞三糖。若用硼酸溶液自制硅胶G可改进分离效果。溶剂展开后，对薄层上已分开的斑点进行显色，将与它位置相当的另一个未显色的斑点从薄层上与周围的硅胶G一起刮下，以适当的溶剂将糖从硅胶G上洗脱下来，就可用糖的定量测定方法测定各组分的含糖量。

薄层色谱法一般采用上行法，在具有密闭盖子的玻璃缸中进行，溶剂倒于缸底，简单地将薄层板放入即可。保证展开缸内有饱和的蒸汽是实验成功的关键。保证措施是在展开缸内壁衬一层浸湿溶剂的滤纸或缩小展开缸的容积。因为展开时，溶剂会从薄层上蒸发，样品移动到一定距离的时间就会延长。若所用溶剂系统由几个成分组成，挥发性较大的成分首先蒸发，就会使混合溶剂的组分改变。溶剂的蒸发量从薄层板的中央向两边递减，致使溶剂前沿呈弯曲状，结果往往是使两边的R_f值大于中央位置的R_f值。

薄层色谱法与其他方法相比有明显的优点：展开时间短，可以分离多种化合物，样品用量少（微克级），与纸色谱法相比灵敏10～100倍，观察结果方便，显色时甚至可以用腐蚀性显色剂。

【实验试剂与仪器】

1. 实验试剂

①1%标准糖溶液：称取木糖、果糖、蔗糖、葡萄糖各0.1g，分别用75%乙醇定容至

10mL，即得。

②混合糖溶液：称取木糖、果糖、蔗糖、葡萄糖各 0.1g，溶于 75%乙醇定容至 10mL，即得。

③糖显色剂（苯胺-二苯胺-磷酸显色剂）：称取 1g 二苯胺，加入 1mL 苯胺。待溶解后加入 50mL 丙酮，最后加入 5mL H_3PO_4，边滴加边搅拌。此溶液应透明、无浑浊。

④展开剂：正丁醇：乙酸乙酯：异丙醇：冰乙酸：水 = 2：6：6：4：1（总体积 57mL），用前配制。

2. 实验仪器

展开缸，吹风机，电热鼓风干燥箱，硅胶 G 薄层板，手套，毛细管，铅笔，直尺。

【实验操作流程】

①用毛细管分别吸取 4 种标准糖溶液和混合糖溶液，在距玻璃板一端 1.5cm 处，间距 ≥1cm 分别点样，用电吹风吹干点样点。

②先在展开缸中放入展开剂，密闭静止 10～15min，将硅胶板点样点朝下放入展开剂中，液面不要超过点样线，将展开缸密闭，待溶剂到达标志线（距玻璃板上缘 1cm 处）后取出，用电吹风吹干。

③薄层色谱分离：用喷雾器向薄层均匀地喷上糖显色剂，置于 80～100℃烘箱烘烤约 5～10min，至色斑出现为止。

④迁移率的计算：记录各斑点的位置、颜色，绘出薄层色谱图谱，计算各斑点的 R_f 值。

$$迁移率（比移值 R_f）= \frac{原点到斑点中心的距离}{原点到溶剂前沿的距离}$$

⑤混合糖成分的鉴别：根据各标准糖溶液斑点的 R_f 值，鉴定混合糖溶液中的组分。

【注意事项】

1. 实验全程戴一次性薄膜手套，实验在铺着保鲜膜的试验台上进行。
2. 用毛细管点样时，点样点直径不要超过 3mm，烘干后，重复点样 3 次。
3. 展开时，不要将点样点浸入展开剂中。
4. 将滤纸放入展开缸时，注意滤纸不要接触到展开缸壁。

【思考题】

1. 简述薄层色谱法的原理。
2. 显色时，是否还可以采用其他的糖显色剂？

综合性实验类

实验二十四　香菇多糖含量的测定

【实验目的】

1. 掌握苯酚-硫酸法、蒽酮-硫酸法测定香菇中多糖含量的原理。
2. 考察 2 种方法的线性关系、重复性、精密度、稳定性、准确度。

【实验原理】

苯酚-硫酸法和蒽酮-硫酸法都是测定多糖含量的常用方法。苯酚-硫酸法是糖在浓硫酸作用下，脱水生成的糠醛或羟甲基糠醛能与苯酚缩合成一种橙红色化合物，其颜色深浅与糖的含量成正比，该橙红色化合物在 485nm 波长左右有最大吸收峰，故在此波长下测定吸光度。苯酚-硫酸法可用于甲基化的糖、戊糖和多聚糖含量的测定。蒽酮-硫酸法是糖在浓硫酸作用下，可经脱水反应生成糠醛或羟甲基糠醛，生成的糠醛或羟甲基糠醛可与蒽酮反应生成蓝绿色糠醛衍生物，在一定范围内，其颜色的深浅与糖的含量成正比，故可用于糖的定量测定。蒽酮-硫酸法几乎可以测定所有的碳水化合物，不但可以测定戊糖与己糖，而且可以测定所有寡糖类和多糖类，其中包括淀粉、纤维素等，故在使用此方法时应注意淀粉、纤维素的干扰。同时，蒽酮-硫酸法中不同的糖类与蒽酮试剂的显色深度不同，果糖显色最深，葡萄糖次之，半乳糖、甘露糖较浅，戊糖显色更浅，故测定糖的混合物时，常因不同糖类的比例不同造成误差，但测定单一糖类时，则可避免此种误差。这两种方法中，苯酚-硫酸法比蒽酮-硫酸法更为常用。

【实验试剂与仪器】

1. 实验试剂

无水葡萄糖，双蒸水，5%苯酚溶液，浓硫酸，95%乙醇。

2. 实验材料

香菇粗粉。

3. 实验仪器

UV-2401 紫外可见分光光度计，电子天平（0.01g），BS-llOS 电子天平（0.001g），XY-600B 多功能粉碎机，KH-100DE 型数控超声波清洗器，TDL-40B 离心机。

【实验操作流程】

1. 标准溶液的制备

葡萄糖对照品溶液的配制：取 10mg 已干燥的无水葡萄糖，精密称定，置于 100mL 容量瓶中，加水适量溶解，加水定容至刻度线，摇匀，即得（每 1mL 中含 0.1mg 无水葡萄糖）。

2. 标准曲线的绘制

精密量取 0.0mL、0.1mL、0.2mL、0.5mL、0.8mL、1.0mL、1.5mL 葡萄糖对照品溶液，分别置于具塞试管中，分别加水补至 2.0mL，再分别加入 1mL 5%苯酚溶液，混匀，随后迅速加入 5mL 浓硫酸，混匀，置于温水中恒温（50℃）反应 15min，再置于冰水中冷却，终止其反应。以第一份不含葡萄糖对照品溶液的试管为空白对照，采用紫外-可见分光光度法（现行版《中国药典》四部），在 485nm 处测定各管吸光度。

3. 醇提后水提法

取约 0.5g 香菇粗粉，精密称定，加 5mL 水浸润样品，缓慢加入 20mL 95%乙醇，摇匀，超声提取（1000Hz）30min，过滤，用少量乙醇洗涤滤器。滤渣连同滤纸置于烧瓶中，加 50mL 水，加热回流 2h，趁热过滤，用少量热水洗涤滤器。合并两次过滤的滤液与洗液，放冷，移至 100mL 容量瓶中，用水稀释至刻度线，摇匀，即得供试品溶液。

4. 测定多糖含量

取 2mL 供试品溶液，加入 1mL 5%苯酚溶液，混匀，迅速加入 5mL 浓硫酸，立刻混匀，温水中恒温（50℃）反应 15min，再于冰水中冷却，终止其反应。以空白组调零，于 485nm 波长处测定吸光度。进行 3 次平行实验，根据标准曲线分别计算多糖含量，并计算多糖提取率。

$$多糖提取率 = \frac{多糖质量}{提取前香菇粗粉质量} \times 100\%$$

【注意事项】

1. 实验中葡萄糖和香菇粗粉的称取量比较少，需做到准确称量。
2. 使用浓硫酸要小心。

【思考题】

计算多糖提取率，根据实验结果分析造成提取率高或低的原因。

实验二十五 植物组织中可溶性糖、淀粉的含量测定

【实验目的】

1. 了解淀粉和可溶性糖在植物组织中的作用。
2. 掌握淀粉含量测定的原理和操作方法。

【实验原理】

淀粉是由许多葡萄糖残基组成的非还原性糖,在酸性条件下加热可使其水解为葡萄糖。在强酸条件下,单糖脱水生成糠醛或羟甲基糠醛,这些产物会再与蒽酮发生脱水缩合反应,形成糠醛的衍生物,呈蓝绿色,该物质在620nm处有最大吸收峰。在可溶性糖含量处于10~100μg/L 的范围内,糠醛衍生物颜色的深浅与可溶性糖含量成正比。

【实验试剂与仪器】

1. 实验试剂

①蒽酮-乙酸乙酯试剂:称取 1g 蒽酮,溶于 50mL 乙酸乙酯中,贮藏在棕色瓶中(如有结晶可微热至 50~60℃使其溶解,但不能温度过高,因为乙酸乙酯易扩散,应避免其挥发)。

②9.2mol/L $HClO_4$ 溶液:量取 739.55mL 71%的高氯酸溶于水中,稀释至 1000mL。

③其他试剂:0.1mg/mL 葡萄糖标准液;浓硫酸。

2. 实验仪器

试管及试管架,移液管(1mL、5mL),可见光分光光度计。

【实验操作流程】

1. 植物体内可溶性糖的提取

将干净植物叶片剪碎,准确称取 0.1g 叶片碎片(平行三份)放入试管中,加入 5mL 蒸馏水,沸水中提取 20~30min,过滤提取液,沉淀保留。将滤液定容至 10mL,得到样品溶液1,备用。

2. 植物体中淀粉的水解和测定

向第一步得到的沉淀中加 3mL 蒸馏水,搅拌均匀,放入沸水浴中糊化 15min。冷却至室温后,加入 2mL 预冷的 9.2mol/L $HClO_4$ 溶液,搅拌提取 15min。加蒸馏水至 10mL,混匀,3000r/min 离心 10min,将上清液倾入 50mL 容量瓶。再向沉淀中加入 1mL 预冷的 9.2mol/L $HClO_4$ 溶液,搅拌提取 15min 后加蒸馏水至 10mL,混匀后 3000r/min 离心 10min,收集上清液于容量瓶中。然后用蒸馏水洗涤沉淀 1~2 次,离心,合并上清液于容量瓶,用

蒸馏水定容，此为样品溶液2。

3. 葡萄糖标准曲线的制作及糖含量测定

取6支带塞玻璃试管，分别编号，按表5-3数据配制一系列不同浓度的葡萄糖溶液。

表 5-3 不同浓度葡萄糖溶液配制表

试剂	0	1	2	3	4	5	6	7
100μg/mL 葡萄糖标准溶液/mL	0	0.2	0.4	0.6	0.8	1	0	0
样品溶液 1	0	0	0	0	0	0	1	0
样品溶液 2	0	0	0	0	0	0	0	1
水/mL	2	1.8	1.6	1.4	1.2	1	1	1
葡萄糖含量/μg	0	20	40	60	80	100		

在每支试管中立即加入 0.5mL 蒽酮-乙酸乙酯试剂和 5mL 浓硫酸（用移液枪或者移液管沿管壁缓缓加入），混匀，塞上塞子，沸水浴中准确保温 1min 后取出，自然冷却至室温，在 620nm 波长下比色，以 0 号管为空白对照测定其他各管溶液的吸光度，记录吸光度值。以 0～5 号管标准葡萄糖溶液浓度为横坐标，以 0～5 号管溶液的吸光度值为纵坐标作标准曲线，得到如图 5-1 所示曲线。以 6 号管和 7 号管溶液的吸光度值，在标准曲线上查找对应的葡萄糖浓度，分别计算样品中可溶性糖和淀粉的含量。

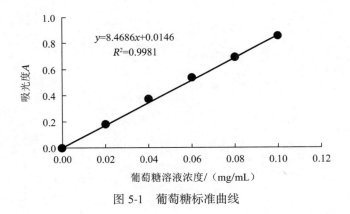

图 5-1 葡萄糖标准曲线

4. 计算植物样品中可溶性糖和淀粉含量

$$植物样品可溶性糖含量 = \frac{C \times V \times n}{a \times W \times 10^6} \times 100\%$$

$$植物样品淀粉含量 = \frac{C \times V \times n}{a \times W \times 10^6} \times 0.9 \times 100\%$$

式中，C 为样品中葡萄糖含量，μg/mL；V 为样品溶液体积，mL；a 为测定时吸取的样品溶液体积，mL；n 为稀释倍数；W 为样品质量，g。

【注意事项】

1. 提取糖时，不要将残渣加入反应液中。植物体中的糖应尽可能提取完整，减少误差。
2. 标准葡萄糖溶液与样品的吸光度测定应同时进行。
3. 制作标准曲线时，应排除不正常的点。
4. 注意标准溶液配制的精确性，包含浓度的计算等。
5. 计算样品中糖含量时，要注意数据的代入与单位的换算。

【思考题】

有什么方法可以测定糖的含量？

第六章 脂类

基础性实验类

实验二十六　植物种子中粗脂肪的定量测定——索氏提取法

【实验目的】

1. 学习和掌握索氏提取法定量测定粗脂肪的原理和方法。
2. 测定植物种子中粗脂肪的含量。

【实验原理】

脂肪是丙三醇（甘油）和脂肪酸结合成的脂类化合物，能溶于脂溶性有机溶剂。索氏提取法是一种常用的粗脂肪提取方法，整个提取过程均在索氏提取器中进行，该方法利用脂肪能溶于脂溶性溶剂的特性，用脂溶性溶剂抽提脂肪，借助蒸发方法除去溶剂后烘干、称重。脂溶性溶剂通常采用乙醚或沸点为 30～60℃ 的石油醚，用此法提取的脂溶性物质除脂肪外，还有游离脂肪酸、磷脂、固醇类、芳香油及某些色素等，故称为粗脂肪。

【实验试剂与仪器】

1. 实验试剂

石油醚（化学纯，沸程 30～60℃）。

2. 实验材料

花生种子。

3. 实验仪器

粗脂肪测定仪，索氏提取器，烧杯，镊子，干燥箱，脱脂滤纸，脱脂棉，电子天平。

【实验操作流程】

①将洗净、晾干的花生种子放在烘箱中 80～100℃烘 4h。待冷却后，准确称取 2～4g，置于研钵中研磨细。将研碎的样品及擦净研钵的脱脂棉一并用脱脂滤纸包住再用丝线扎好，勿让样品漏出；或用特制的滤纸斗装样品，斗口用脱脂棉塞好。随后放入索氏提取器的提取管内，最后用石油醚洗净研钵后倒入提取管内。

②洗净索氏提取瓶，在烘箱内 105℃烘干至恒重，记录提取瓶质量（m_0）。

③将石油醚加到提取瓶内，加入的量约为瓶容积的 1/2～2/3。把索氏提取器各部分连接后，检查气密性，接口处不能漏气。用 70～80℃恒温水浴加热提取瓶，使抽提进行 16h 左右，直至提取管内的石油醚用滤纸检验无油迹为止。

④提取完毕，取出滤纸包，再回馏一次，洗涤提取管。再继续蒸馏，当提取管中的石油醚液面接近虹吸管口而未流入提取瓶时，倒出石油醚。若提取瓶中仍有石油醚，继续蒸馏，直至提取瓶中的石油醚完全蒸完。取下提取瓶，洗净瓶的外壁，放入烘箱中 105℃烘干至恒重，记录带粗脂肪的提取瓶质量（m_1）。

⑤计算粗脂肪含量。

$$样品中粗脂肪含量 = \frac{m_1 - m_0}{样品质量} \times 100\%$$

【注意事项】

1. 本法采用沸点低于 60℃的有机溶剂，不能提取出样品中结合状态的脂类，故此法又称为游离脂类定量测定法。

2. 待测样品若是液体，应将一定体积的样品滴在脱脂滤纸上在烘箱中 60～80℃烘干后放入提取管内。

3. 本法使用的有机溶剂石油醚的沸程为 30～60℃，故加热时不能用明火。

【思考题】

1. 为什么测定粗脂肪含量时，样品和提取瓶都需要预先烘干？

2. 如果在提取过程（而不是回收过程）中很长时间都没有虹吸，而且冷凝管已没有液滴滴下，这是什么原因造成的？应该怎样解决？

实验二十七　食用油碘值的测定

【实验目的】

1. 掌握韦氏法测定油脂碘值的原理和方法。
2. 测定食用油中的碘值。

【实验原理】

碘值（iodine value 或 iodine number）指 100g 物质中所能吸收（或加成）碘的质量（g），是表示有机化合物不饱和程度的一种指标。碘值主要用于油脂、脂肪酸、蜡及聚酯类等物质的测定。韦氏试剂是含一氯化碘的乙酸溶液，通常用于食用油中碘值的快速检测。在溶剂中溶解试样，加入韦氏试剂，其与油脂中的不饱和双键进行定量的加成反应，反应完全后，加入碘化钾溶液，与剩余的氯化碘作用析出碘，以淀粉作指示剂，用硫代硫酸钠标准溶液滴定，同时做空白试验。

$$KI + ICl \longrightarrow I_2 + KCl$$
$$I_2 + 2Na_2S_2O_3 \longrightarrow 2NaI + Na_2S_4O_6$$

根据滴定所用硫代硫酸钠标准溶液的量即可求得油脂的碘值。

【实验试剂与仪器】

1. 实验试剂

①韦氏试剂：称取 15g 氯化碘，溶于 1000mL 冰乙酸中。

②0.1mol/L 硫代硫酸钠标准溶液：称取 25g 五水硫代硫酸钠，溶于 300mL 新煮沸冷却的去离子水中，加入 0.2g 碳酸钠，溶解后用新煮沸冷却的去离子水稀释至 1L，贮存于棕色瓶中，放置 7d 后用重铬酸钾标定。

③20%碘化钾溶液：称取 20g 碘化钾，溶于 80mL 去离子水中。

④0.5%淀粉溶液：称取 0.5g 淀粉，溶于 100mL 煮沸的去离子水中，冷却备用。

⑤6mol/L 盐酸：取 100mL 市售浓盐酸，加 100mL 去离子水稀释，即得。

⑥其他试剂：异己烷。

2. 实验材料

市售花生油。

3. 实验仪器

磁力搅拌器，电子天平，500mL 碘量瓶，25mL 移液管，1mL 刻度吸量管，50mL 碱式滴定管。

【实验操作流程】

1. 样品碘值的测定

①准确称取 0.2g 花生油于 500mL 碘量瓶中，加入 20mL 异己烷，置于磁力搅拌器上使样品溶解。

②用移液管准确移取 25.00mL 韦氏试剂加到样品中，塞紧瓶塞，并用少量碘化钾溶液封口，摇匀后放置暗处反应 1h。

③沿瓶口加入 10mL 20%碘化钾溶液，稍加摇动，以 100mL 水冲洗瓶塞及瓶口后，用 $Na_2S_2O_3$ 标准溶液滴定至淡黄色。

④加入 2mL 0.5%淀粉溶液，继续滴定至溶液蓝色恰好褪去且半分钟无变化，即为滴定终点，记录所用 $Na_2S_2O_3$ 标准溶液的体积 $V_{Na_2S_2O_3}$。重复测定 2~3 次。

2. 空白试验碘值的测定

取 20mL 异己烷于碘量瓶，用移液管准确移取 25.00mL 韦氏试剂加到碘量瓶中，按上述方法进行测定，并重复 2~3 次。

3. 数据处理

油脂碘值计算公式如下：

$$IV = \frac{(V_0 - V) \times c \times 0.1269}{m} \times 100$$

式中，V_0 为空白试验消耗硫代硫酸钠标准溶液的体积，mL；V 为油脂样品消耗硫代硫酸钠标准溶液的体积，mL；c 为硫代硫酸钠标准溶液的浓度，mol/L；m 为油脂样品的质量，g。

【注意事项】

1. 油脂样品的取用量应根据预估参考碘值来确定。
2. 进行加成反应时仪器要干燥，因氯化碘遇水会分解。
3. 为使加成反应完全，氯化碘应过量 100%~150%，且浓度不要小于 0.1mol/L；反应时瓶口要密闭，以防止氯化碘挥发，忌光照，防止发生副反应。

【思考题】

1. 测定碘值有何意义？液体油和固体脂的碘值之间有何区别？
2. 滴定过程中，淀粉溶液为何不能过早加入？
3. 滴定完毕放置一段时间，溶液应变回蓝色，否则表示滴定过量，为什么？

综合性实验类

实验二十八　卵黄中卵磷脂的提取和鉴定

【实验目的】

1. 了解卵磷脂的性质。
2. 学习提取卵磷脂粗品的方法。

【实验原理】

卵黄中甘油三酯占全部脂类的 60%，磷脂约占 28%，甾醇脂及其他约占 6%。磷脂易溶于乙醚、苯、氯仿，部分溶于乙醇，极难溶于丙酮；卵磷脂溶于乙醇、甲醇、氯仿等有机溶剂，但不溶于丙酮；丙酮能够溶解油脂和游离脂肪酸、甘油三酯等。因此，本实验在用化学试剂从卵黄中提取卵磷脂时，以乙醇、乙醚为溶剂，丙酮为沉淀剂，经过抽滤、干燥等步骤获得卵磷脂。

卵磷脂为白色，当与空气接触后，其所含的不饱和脂肪酸会被氧化而使卵磷脂呈黄褐色。卵磷脂被碱水解后可分解为脂肪酸盐、甘油、胆碱和磷酸盐。甘油与硫酸氢钾共热，可生成具有特殊臭味的丙烯醛；磷酸盐在酸性条件下与钼酸铵作用，生成黄色的磷钼酸沉淀；胆碱在碱的进一步作用下生成无色且具有氨和鱼腥气味的三甲胺。这样通过对分解产物的检验可以对卵磷脂进行鉴定。

【实验试剂与仪器】

1. 实验试剂

95%乙醇，乙醚，丙酮，无水乙醇，10%氢氧化钠溶液，3%溴的四氯化碳溶液，红色石蕊试纸，硫酸氢钾，钼酸铵溶液。

2. 实验材料

鸡蛋黄。

3. 实验仪器

恒温水浴锅，蒸发皿，漏斗，铁架台，磁力搅拌器，天平，25mL 量筒，100mL 量筒，干燥试管，玻璃棒，烧杯。

【实验操作流程】

1. 卵磷脂的粗提

称取 10g 鸡蛋黄放入洁净的带塞三角瓶中，加入 40mL 95%乙醇，搅拌 15min 后，静置 15min；然后加入 10mL 乙醚，搅拌 15min 后，静置 15min；过滤，滤渣进行二次提取，加入 30mL 乙醇与乙醚（体积比为 3∶1）的混合液，搅拌、静置一定时间；进行第二次过滤，合并二次滤液，加热浓缩至少量，加入一定量丙酮除杂，卵磷脂即沉淀出来，得到卵磷脂粗品。

2. 卵磷脂的溶解性实验

取干燥试管，加入少许卵磷脂，再加入 5mL 乙醇，用玻璃棒搅动使卵磷脂溶解，逐滴加入 3～5mL 丙酮，观察实验现象。

3. 卵磷脂的鉴定

（1）三甲胺的鉴定

取一支干燥试管，加入少量提取的卵磷脂以及 2～5mL 10%氢氧化钠溶液，放入水浴中加热 15min，在管口放一片红色石蕊试纸，观察颜色有无变化，并嗅其气味。将加热过的溶液过滤，滤液供后续检验。

（2）不饱和性检验

取一支干净试管，加入 10 滴上述滤液，再加入 12 滴 3%溴的四氯化碳溶液，振荡试管，观察有何现象产生。

（3）甘油的鉴定

取一支干净试管，加入少许卵磷脂和 0.2g 硫酸氢钾，用试管夹夹住试管并将其先在小火上略微加热，使卵磷脂和硫酸氢钾混溶，然后再集中加热，待有水蒸气放出时，嗅其有何气味产生。

（4）磷酸的鉴定

取一支干净试管，加入 10 滴上述滤液和 5～10 滴 95%乙醇，然后再加入 5～10 滴钼酸铵溶液，观察现象；最后将试管放入水浴中加热 5～10min，观察有何变化。

【注意事项】

本实验中的乙醚、丙酮及乙醇均为易燃药品，操作时应注意安全。

【思考题】

卵磷脂是一种生物活性物质，粗提卵黄中的卵磷脂时，哪些因素可能会影响提取效率？

第七章 设计性实验

实验二十九 种子中醇溶蛋白质的提取与纯化

【实验目的】

1. 了解植物蛋白的优势，知道植物蛋白的来源。
2. 掌握种子中蛋白质提取方法的原理，知道如何优化提取方法。
3. 掌握蛋白质的纯化方法，知道选用纯化方法的依据。

【实验原理】

植物蛋白具有抗菌、免疫调节和抗氧化等生物活性，且不易引发人类"三高"等一系列疾病，因此越来越多的植物蛋白被应用于人们的日常饮食。种子是植物蛋白的主要来源，种子中蛋白质含量高，且种子蛋白具有很好的营养价值，种子蛋白的一些理化性质使其在食品工业呈现出较强的优势。

种子中蛋白质丰富，不同的蛋白质其氨基酸组成不同，理化性质存在差异，因此要选择合适的提取方法提取种子蛋白。以往使用的提取方法有物理法、化学法和生物酶法。因物理法得率较低，往往不单独使用。化学法中的碱溶酸沉法是目前使用比较普遍的提取方法。多数蛋白质具有两性电解质的性质，在碱性溶液中具有较高的溶解度，而在酸性条件下易析出。除此之外，化学法中还有有机溶剂提取法、盐析法和反胶团萃取法等可供选择。有机溶剂提取法是利用有机溶剂降低蛋白质在水溶液中的溶解度，盐析法是利用中性盐破坏蛋白质胶体的双电层，使蛋白质从溶液中沉淀出来。反胶团萃取法是利用反胶团包裹蛋白质，而后释放蛋白质的方法进行蛋白质的提取。反胶团由表面活性剂和有机溶剂构成，首先反胶团包裹蛋白质，使蛋白质进入有机溶剂，然后改变水溶液的离子强度和 pH，使蛋白质再从有机溶剂相回到水相。生物酶法是利用一种或者几种不同的酶来提取种子中的蛋白质，常用的酶有纤维素酶、碱性蛋白酶、酸性蛋白酶等。

蛋白质的纯化方法很多，根据分子性质的差异，在蛋白质纯化时选择不同的纯化方法。若分子溶解度差异较大，可选择盐析法、等电点沉淀法或低温有机溶剂沉淀法等；若分子的分子量差异较大，可选择透析、密度梯度离心、凝胶过滤色谱、超滤或膜分离技术等；若分子等电点差异较大，可选择电泳法、离子交换色谱或等电点沉淀法等。

【实验试剂与仪器】

1. 实验试剂

乙醇，氢氧化钠，盐酸，考马斯亮蓝 R-250。

2. 实验材料

水稻种子。

3. 实验仪器

恒温水浴锅，研钵，离心管，高速冷冻离心机，电子天平，紫外-可见分光光度计，粉碎机，pH 计，摇床。

【实验操作流程】

1. 种子中醇溶蛋白的提取

（1）去壳磨粉

取适量干燥的水稻种子去壳成糙米，用粉碎机将其粉碎成粉末，过 80 目筛。

（2）提取种子中的醇溶蛋白

用电子天平准确称取一定量米粉，置于 1.5mL 离心管中，加入 1mL 醇溶蛋白提取液（乙醇）。将离心管置于恒温摇床，在一定温度下，200r/min，温育 12h。随后 4℃，10000r/min 离心 10min。将上清液转移至新离心管中，加醇溶蛋白质提取液稀释至 10mL，随后以考马斯亮蓝法测定蛋白质浓度。

2. 实验优化

（1）单因素优化

本实验选择醇溶蛋白质提取液浓度、固液比、提取温度和提取时间四个单因素进行优化研究。乙醇浓度设置五种梯度，分别为 55%、65%、75%、85% 和 95%；对于固液比，在加入 1mL 醇溶蛋白质提取液的前提下，米粉用量分别设置为 0.05g、0.10g、0.15g、0.20g、0.25g 和 0.30g；提取温度设置为 25℃、35℃、45℃、55℃ 和 65℃ 五个摇床温育温度；提取时间设置为 4h、8h、12h、16h 和 20h 五个摇床温育时间。随后比较不同条件下的提取效果。

（2）正交优化

单因素优化实验确定了每个因素的较优水平，在每个因素较优水平附近再设计两个水平，即每个单因素各设计三个水平。随后，根据选择的单因素和每个因素的水平确定 $L_9(3^4)$

正交表（表 7-1），以每克水稻种子提取的醇溶蛋白质量为衡量指标。

表 7-1　水稻种子蛋白提取的正交设计表

实验号	醇溶蛋白质提取液浓度	固液比	提取温度	提取时间
1	1	1	1	1
2	1	2	2	2
3	1	3	3	3
4	2	1	2	3
5	2	2	3	1
6	2	3	1	2
7	3	1	3	2
8	3	2	1	3
9	3	3	2	1

3. 稳定性检测

经单因素优化和正交优化实验确定了各因素的最佳水平，以各因素的最佳水平重复进行三次实验，以每克水稻种子提取的醇溶蛋白质的质量为衡量指标，判断体系是否稳定。

4. 实验数据处理

根据蛋白质浓度-吸光度的标准曲线，得到提取稀释液中的蛋白质浓度。根据提取稀释液中的蛋白质浓度换算出每克水稻种子中的蛋白质含量：

蛋白质含量（mg/g）= 提取稀释液中蛋白质浓度 × 稀释倍数/水稻种子质量（g）

其中，稀释倍数为 10 倍。

5. 种子中醇溶蛋白质的纯化

采用等电点沉淀法分离纯化种子中的醇溶蛋白质。取 9 支试管，分别往每支试管中加入 50mL 在最佳条件下提取的种子醇溶蛋白质溶液，用 0.5% 的盐酸和氢氧化钠分别调节溶液的 pH 值至 4.5、5.0、5.5、6.0、6.5、7.0、7.5、8.0、8.5。25℃下静置过夜，使种子醇溶蛋白质完全沉淀，8000r/min 离心 20min，获得上清液和沉淀，分别测定其中的蛋白质含量。

【注意事项】

1. 单因素优化实验中各因素水平与提取效果的对应关系图应同时具有上升和下降两种趋势。
2. 正交优化实验中各因素的水平设计要合理。
3. 等电点沉淀法虽不能使蛋白质纯度有大幅度提升，但也能达到几倍的纯化要求。

【思考题】

1. 等电点沉淀法纯化蛋白质的原理是什么?
2. 对于蛋白质的提取优化,除了单因素优化、正交优化外,你还知道什么优化方法?
3. 如果改用盐析法纯化蛋白质,请你设计实验流程。

实验三十　检测目的基因在水稻不同组织中的表达量

【实验目的】

1. 掌握基因定量检测的原理和方法。
2. 理解基因的组成型表达和组织特异性表达。

【实验原理】

基因的组织特异性表达是高等生物组织器官分化的基础。根据基因在不同组织部位的表达情况，可以将基因分为组成型表达基因和组织特异性表达基因两种类型。组成型表达基因在所有组织中的表达量都比较稳定，组织特异性表达基因在不同组织中的表达量差异较大。

检测目的基因在不同组织中的表达量，有助于推测目的基因的功能。对基因表达定量的基本过程包括 RNA 提取、反转录、PCR 和数据分析。由于 PCR 扩增效率的差异，采用普通 PCR 的终点法对起始模板浓度进行定量分析是不准确的（图 7-1）。常用的检测目的基因表达量的方法是实时荧光定量 PCR（real-time fluorescence quantitative polymerase chain reaction，qRT-PCR）。

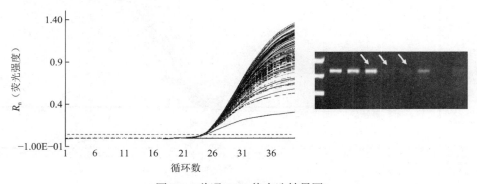

图 7-1　普通 PCR 终点法结果图

它引入了荧光基团对 PCR 扩增反应中的循环产物进行实时标记、监测和信号收集，进而实现对起始模板进行定量分析。实时荧光定量 PCR 中使用的荧光标记物有荧光探针和荧光染料。TaqMan 技术是荧光探针法的一种，该探针可与待测基因中部分序列互补，在该探针的 5′端标记了荧光报告基因，3′端标记了荧光猝灭基团。探针完整时，PCR 仪检测不到荧光信号，因为 5′端荧光报告基因发出的荧光信号会被 3′端荧光猝灭基团吸收；但是在 PCR 扩增时，Taq DNA 聚合酶展现出 5′→3′外切酶活性，当引物延伸到结合在模板上的探针位置时，Taq DNA 聚合酶会将探针酶切，释放出荧光报告基团，荧光报告基团和荧光猝灭基团分离（图 7-2）。每有一条 DNA 新链合成就有一个荧光报告基团被释放，因此 PCR 仪检测到的荧光信号积累量与起始模板量成正比。SYBR GREEN I 是荧光染料的代表，它能够非特异性地与 DNA 双链结合，在游离状态下发出微弱的荧光，一旦它与双螺旋 DNA 的小沟结合，其荧光强度大大增强。随着 PCR 的进行，PCR 产物积累得越多，荧光信号也按比例增强，因此就可以得到一条随循环数增加的荧光扩增曲线（图 7-3）。

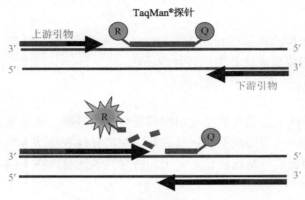

图 7-2　TaqMan 探针荧光定量机制

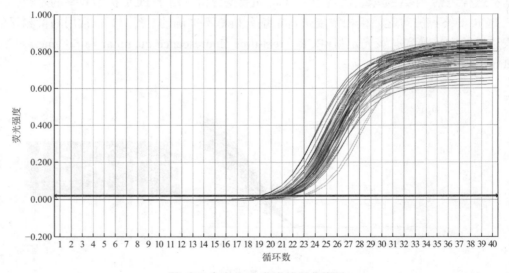

图 7-3　qRT-PCR 荧光扩增曲线图

荧光扩增曲线体现了三个阶段（图 7-4），第一个阶段是背景信号阶段，扩增的荧光信号被本底的荧光信号覆盖，无法辨别产物量的变化；第二个阶段为荧光信号指数扩增阶段，扩增的荧光信号呈指数倍快速增加，此时扩增产物量的对数值和起始模板量之间存在线性关系；第三个阶段为平台期，此时荧光信号不再增加，扩增产物也不再增加，扩增产物的终量和起始模板量之间缺乏线性关系。因此，只能选取荧光信号指数扩增阶段进行定量分析。在这个阶段中，有两个比较重要的概念即荧光阈值和 C_t 值。荧光阈值可以是荧光扩增曲线指数扩增阶段的任意一个值，是人为设定的。C_t 值则是每个反应管中的荧光信号达到荧光阈值所要经历的循环数。C_t值越小，表明起始模板量越多，反之则越少。

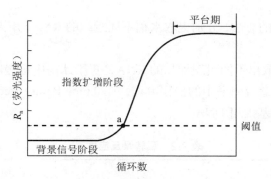

图 7-4　荧光扩增曲线的三个阶段

根据得到的C_t值，结合定量分析法就可以确定目的基因在某组织中的表达量。定量分析法包括绝对定量（absolute quantification，AQ）分析和相对定量（relative quantification，RQ）分析。绝对定量分析主要用于测定未知样品中某个核酸序列的拷贝数和浓度。绝对定量分析中需要构建拷贝数已知的标准品，标准品可以是含有和待测样品相同扩增片段的cDNA、质粒或PCR产物。相对定量分析不需要构建标准品，可以根据特定基因的表达情况分析目的基因的表达状况。相对定量分析中选用的特定基因多是看家基因即组成型表达基因，如*Actin*或*GAPDH*基因等，它们在细胞中的表达量恒定，受发育状态和环境因素的影响小，被称为内标（endogenous control）。实时荧光定量PCR分析常用于基因表达研究、转基因食品检测、病原体检测等领域。

【实验试剂与仪器】

1. 实验试剂

Trizol 试剂，氯仿，异丙醇，液氮，75%乙醇，DEPC 水，反转录试剂盒，实时荧光定量 PCR 试剂盒，琼脂糖，溴化乙锭（EB）。

2. 实验材料

水稻不同组织样品（根、茎、叶、花药、子房）。

3. 实验仪器

实时荧光定量 PCR 仪，离心机，恒温水浴锅，PCR 仪，微量加样器，PCR 管，吸头，电泳槽。

4. 实验用引物

目的基因*IDD9*定量引物 F（q*IDD9*-F：CAGCAGCCGTATTACAGCAA），目的基因定量*IDD9*引物 R（q*IDD9*-R：CCCTGGAAGGCTTCTCTTCT），*Actin*基因扩增引物 F（*Actin*-F：CTCAACCCCAAGGCTAACAG），*Actin*基因扩增引物 R（*Actin*-R：ACCTCAGGGCATCGGAAC），*Actin*基因定量引物 F（q*Actin*-F：TGTATGCCAGTGGTCGTACCA）、*Actin*基因定

量引物 R（q*Actin*-R：CCAGCAAGGTCGAGACGAA）

【实验操作流程】

①按照实验十四中的方法，分别提取水稻不同组织的 RNA，用微量紫外-可见分光光度计测定 RNA 的浓度。

②从 −80℃冰箱中取出不同组织样品的 RNA，置于冰浴中慢慢解冻。

③按照反转录试剂盒说明书中的操作流程，在 0.6mL RNase-free 的 PCR 管中配制以下溶液（表 7-2），以去除基因组 DNA。

表 7-2 反转录反应体系

组分	用量
4 × gDNA wiper Mix	4μL
模板 RNA	1pg～1μg
RNase-free ddH$_2$O	补至 16μL
用微量加样器轻轻吸打混匀，42℃保温 2min	
5 × HiScript Ⅱ qRT SuperMix Ⅱ	5μL
50℃保温 15min	

进行反转录反应，完毕后 85℃保持 5s。

④检验反转录效果：按照常规 PCR 反应体系检验反转录效果，在 0.2mL PCR 管中加入以下试剂（表 7-3）。

表 7-3 PCR 反应体系

组分	用量
2 × Rapid Taq Master Mix	10μL
Actin-F	1μL
Actin-R	1μL
反转录产物	1μL
ddH$_2$O	补至 20μL

按以下程序在 PCR 仪上执行 PCR 反应：

95℃预变性　3min
55℃退火　　30s ⎫
95℃变性　　20s ⎬ 25 个循环
72℃延伸　　30s ⎭
72℃再延伸　7min

PCR 仪自然降温后，取出 0.2mL PCR 管，制作 1%琼脂糖凝胶检测反转录效果。

⑤实时荧光定量 PCR：取出 96 孔 PCR 板，在每个板中分别按表 7-4 配制实时荧光定量 PCR 体系。

表 7-4　实时荧光定量 PCR 反应体系

组分	用量
2×Taq Pro Universal SYBR qPCR Master Mix	10μL
Actin-F	0.5μL
Actin-R	0.5μL
反转录产物	0.5μL
ddH$_2$O	补至 20μL

样品混匀后，按以下程序在实时荧光定量 PCR 仪上执行 PCR 反应。

95℃预变性　　30s
95℃变性　　　10s ⎫
60℃退火　　　20s ⎬ 40 个循环

执行仪器默认的熔解曲线程序。

⑥收集数据，按相对表达量 = $2^{-\Delta\Delta C_t}$ 计算目的基因在水稻不同组织部位的表达量，用 Prism 软件将结果可视化。

【注意事项】

1. 利用实时荧光定量 PCR 确定基因表达量时一定要设计好基因的定量引物。所设计的引物扩增片段的长度不宜超过 150bp。引物的特异性要好，可以通过熔解曲线判断引物的特异性。

2. 进行实时荧光定量 PCR 时，加样量一定要准确，加样时速度要稍快，使用的吸头和 96 孔板一定要非常干净。

3. 实时荧光定量 PCR 中每个样品每个引物至少要进行 3 次重复，以保证结果的准确性。

【思考题】

1. 为什么在进行实时荧光定量 PCR 时要选用内参基因，通常使用的内参基因有哪些？
2. 对实时荧光定量 PCR 引物的设计有什么要求？
3. 为什么有一些基因在同一物种的不同组织部位表达量会不一样？
4. 请设计实验证明某基因是否与植物应对高温胁迫有关。

实验三十一　不同生长时期丹参抗氧化酶活性的比较

【实验目的】

1. 了解植物抗氧化酶的种类，掌握抗氧化酶活性的测定方法。
2. 了解植物抗氧化酶活性的影响因素。

【实验原理】

伴随着新陈代谢过程，生物体会产生一些具有强氧化能力的物质，被称为自由基，比如超氧阴离子自由基、单线态氧自由基等，这些物质因具有极强的氧化能力和活泼的化学性质，能氧化细胞中的生物大分子，从而造成组织损伤。为了应对这种危害，生物体进化出了一套能够清除这些自由基的物质，被称为抗氧化剂。生物体中的抗氧化系统有酶促抗氧化系统（enzymatic antioxidants）和非酶促抗氧化系统（non-enzymatic antioxidants）。酶促抗氧化系统主要包括超氧化物歧化酶（superoxide dismutase，SOD）、过氧化氢酶（catalase，CAT）、过氧化物酶（peroxidase，POD）和谷胱甘肽-S-转移酶（glutathione S-transferase，GST）等。SOD 在自然界中存在广泛，是一类金属酶的统称，包括 Cu/Zn-SOD、Mn-SOD 和 Fe-SOD。SOD 能将超氧阴离子自由基转化为过氧化氢和氧气，被誉为"生物体中的清道夫"。CAT 是生物体中过氧化物酶体的标志酶，以铁卟啉为辅基，其作用是将过氧化氢分解为水和氧气。与 CAT 类似，POD 也以铁卟啉为辅基，也可以消除体内的过氧化氢。二者不同之处在于当体内过氧化氢浓度较高时，CAT 的活性较强，当体内过氧化氢浓度较低时，以 POD 的清除作用为主。POD 和 CAT 两种酶相互配合以保证生物体内的低过氧化氢水平。GST 是一个多功能的超家族酶系，存在广泛，主要清除除过氧化氢外的过氧化物。非酶促抗氧化系统主要包括一些具有还原能力的物质，比如谷胱甘肽（GSH）、维生素 C（Vc）、褪黑素（MT）等。GSH 和 Vc 均有氧化型和还原型两种类型，当它们清除生物体中的自由基时，自身转变为氧化型。MT 是一种睡眠调节激素，是目前发现的内源性清除自由基能力最强的物质，可防止生物体脂质过氧化。

在植物的抗氧化系统中，SOD、POD、CAT 等酶的活力较为重要，这些抗氧化酶的活力受许多因素的影响，包括植物本身的因素、环境的因素。

了解植物不同发育时期或不同环境下的抗氧化酶活力，有助于精准控制其生长状态。大多数酶是具有催化能力的蛋白质，在一定温度和 pH 条件下，测定单位时间内产物的增加量或反应物的减少量与自行定义的酶活力单位进行比较，就可以确定酶的活力。SOD 活力的测定常采用氮蓝四唑（NBT）法。在有氧化物质存在的情况下，核黄素可被光还原，被还原的核黄素在有氧条件下极易再氧化生成超氧阴离子自由基，超氧阴离子自由基与 NBT 反应，使 NBT 转化为蓝色的甲䐶，后者在 560nm 处有最大光吸收。当有 SOD 存在时，SOD可清除超氧阴离子自由基，使甲䐶的形成受到抑制。因此溶液蓝色越浅，SOD活性越高，反之酶活性越低。NBT法测定SOD活力时以抑制50%NBT转变为甲䐶所需的酶量为一个酶活力单位。CAT的活力通过确定一定时间内分解的过氧化氢量来测定，CAT酶活力高，分解的过氧化氢量就多。过氧化氢含量测定的经典方法是碘量法。在有催化剂存在的情况下，过氧化氢可将碘化钾中的碘离子氧化为碘单质，后者再用硫代硫酸钠标准溶液滴定，以淀粉溶液为指示剂，即可确定出体系中过氧化氢的量，进而确定酶活力。碘量法测定CAT活力以分解1mg过氧化氢所需的酶量为一个酶活力单位。POD可催化过氧化氢氧化愈创木酚生成茶褐色物质，后者在470nm处有最大光吸收，可通过测定470nm处的吸光度值来确定POD活力，以每分钟内470nm处吸光度值变化0.01为1个酶活力单位。

【实验试剂与仪器】

1. 实验试剂

①pH 7.8磷酸缓冲液（0.05mol/L）：将91.5mL磷酸氢二钠（0.05mol/L）和8.5mL磷酸二氢钠（0.05mol/L）混匀，即得。

②甲硫氨酸溶液（130mmol/L）：准确称取1.9399g甲硫氨酸，用pH 7.8磷酸缓冲液（0.05mol/L）溶解并定容至100mL，避光保存。

③氮蓝四唑溶液（750μmol/L）：准确称取0.06133g NBT，用pH 7.8磷酸缓冲液（0.05mol/L）溶解并定容至100mL，避光保存。

④乙二胺四乙酸二钠溶液（100μmol/L）：准确称取0.03721g乙二胺四乙酸二钠（EDTA-2Na），用pH 7.8磷酸缓冲液（0.05mol/L）溶解并定容至1000mL。

⑤核黄素溶液（20μmol/L）：准确称取0.0753g核黄素，用蒸馏水溶解并定容至1000mL，避光保存。

⑥1%淀粉溶液：称取1g可溶性淀粉，加入已有20mL蒸馏水的小烧杯中，慢慢调匀，然后缓慢加入80mL沸水，加热搅拌沸腾，冷却后转移至试剂瓶中。

⑦1.8mol/L硫酸溶液：在大烧杯中先加入约450mL蒸馏水，将100mL浓硫酸缓缓注入大烧杯中，边加边搅拌，冷却后，用容量瓶定容至1000mL。

⑧10%钼酸铵溶液：称取10g钼酸铵于小烧杯中，加少量蒸馏水溶解，最后定容至100mL。

⑨0.05mol/L硫代硫酸钠溶液：称取25g五水硫代硫酸钠于烧杯中，加入沸腾后冷却的蒸馏水，再加入0.1g碳酸钠，搅拌溶解，定容至1000mL，保存于棕色试剂瓶中，置于暗处。

⑩0.01mol/L硫代硫酸钠溶液：吸取20mL标定过的0.05mol/L硫代硫酸钠溶液于容量瓶中，加蒸馏水定容至100mL，现用现配。

⑪0.05mol/L过氧化氢溶液：吸取1mL 30%过氧化氢溶液用蒸馏水稀释至150mL。

⑫反应液：取50mL 100mmol/L磷酸缓冲液于烧杯中，加入28μL愈创木酚，置于磁力搅拌器上加热搅拌至愈创木酚溶解，冷却后，加入19μL 30%过氧化氢溶液，混合均匀，放4°C保存备用。

⑬20mmol/L 磷酸二氢钾溶液：准确称取 0.272g 磷酸二氢钾，加少量水溶解，定容至 100mL。

2. 实验材料

营养生长期、开花期丹参叶片。

3. 实验仪器

研钵，低温冷冻离心机，微量加样器，离心管，分光光度计，制冰机，恒温水浴锅，分析天平，酸式滴定管，锥形瓶。

【实验操作流程】

1. 样品制备

①将 1g 收集的营养生长期和开花期的丹参叶片置于预冷的研钵中，加入 4mL 0.05mol/L pH 7.8 的磷酸缓冲液，将样品研磨成较为均匀的浆液。

②将浆液转移到 10mL 离心管中，用磷酸缓冲液冲洗研钵，再将洗涤液转移到离心管中，最后用磷酸缓冲液调节液体体积至 10mL。

③4℃ 6000r/min 离心 10min，取上清液，即得到含有抗氧化酶的溶液。

2. SOD 活力测定与计算

取 4 支 10mL 透明度好的试管，2 支为空白对照管，2 支为实验管，按表 7-5 加入各种溶液。混匀后，取 1 支空白对照管置于暗处，另 3 支管置于日光下 20min。反应结束后，4 支管全部转移至暗处，用未经光照的空白对照管调零，分别测定其他各管在 560nm 处的吸光度，并计算 SOD 活性。

表 7-5 SOD 活力测定体系

试剂	1	2	3	4
磷酸缓冲液/mL	3.50	3.50	3.50	3.50
甲硫氨酸溶液/mL	0.50	0.50	0.50	0.50
氮蓝四唑溶液/mL	0.50	0.50	0.50	0.50
EDTA 二钠溶液/mL	0.50	0.50	0.50	0.50
蒸馏水/mL	0.50	0.50	0.40	0.40
样品溶液/mL	0	0	0.10	0.10
核黄素溶液/mL	0.50	0.50	0.50	0.50

$$SOD 总活力 = (A_{CK} - A_E) \times V / (A_{CK} \times 0.5 \times W \times V_t)$$

式中，A_{CK} 表示对照管的吸光度；A_E 表示实验管的吸光度；V 表示样品液的总体积，

mL；V_t表示测定时实验管中样品液的用量；W表示样品鲜重，g。

3. CAT 活力测定与计算

准备 4 个 100mL 小锥形瓶，分别编号，3 号和 4 号锥形瓶为空白对照，按表 7-6 加入试剂。加样完毕后，用 0.01mol/L 硫代硫酸钠溶液滴定，当溶液蓝色消失且维持 30s 不复色，即为滴定终点，记录各管消耗的硫代硫酸钠溶液用量，并计算 CAT 活性。

表 7-6 CAT 活力测定体系

试剂	1	2	3	4
样品溶液/mL	10.0	10.0	10.0	10.0
1.8mol/L 硫酸溶液/mL	0	0	5.0	5.0
20℃，保温 10min				
0.05mol/L H_2O_2 溶液/mL	58.0	58.0	58.0	58.0
摇匀，20℃，保温 5min				
1.8mol/L 硫酸溶液/mL	5.0	5.0	0	0
20%碘化钾溶液/mL	1.0	1.0	1.0	1.0
10%钼酸铵溶液/滴	3	3	3	3
1%淀粉溶液/滴	5	5	5	5

$$CAT 活性 = (V_0 - V_1) \times C \times 17 \times V_t / (V_r \times W \times t)$$

式中，V_0表示空白对照管的滴定值，mL；V_1表示样品管的滴定值，mL；C表示硫代硫酸钠的浓度，mol/L；V_t表示样品溶液总体积，mL；V_r表示测定用样品溶液体积，mL；W表示样品质量，g；t表示反应时间，min。

4. POD 活力测定与计算

取两只玻璃比色皿，一支加入 3mL 反应液和 1mL 磷酸二氢钾溶液（20mmol/L）作为空白对照管，另一只加入 3mL 反应液和 1mL 样品溶液。立即开始计时，测定 470nm 处的吸光度值，每隔 1min 记录一次吸光度值，共测 3 次。根据以下公式计算 POD 活力。

$$POD 活性 = \Delta A_{470} \times V_t / (W \times V_r \times 0.01 \times t)$$

式中，V_t表示样品溶液总体积，mL；V_r表示测定用样品溶液体积，mL；W表示样品质量，g；t表示反应时间，min。

【注意事项】

1. 含酶提取液的制备注意要在低温下进行。
2. 注意实验条件下所得结果与酶活力单位之间的换算。

【思考题】
1. 你所知道的 SOD 活力测定方法有哪些？
2. 不同时期抗氧化酶活力的变化说明了什么？

实验三十二 重组质粒的构建和表达

【实验目的】

1. 掌握重组质粒构建的原则，根据原则能够设计构建方法。
2. 理解影响重组质粒表达的因素，通过合理地选择因素的水平，设计重组质粒表达的最优方法。

【实验原理】

1. 重组质粒的构建

质粒是将外源 DNA 导入受体细胞的"工具"，当外源 DNA 整合到质粒分子上就形成了重组质粒。外源 DNA 与质粒 DNA 的连接需要酶的作用，外源 DNA 和质粒经过同种限制性核酸内切酶或同尾酶切割后，产生匹配末端或平末端。而后由 DNA 连接酶将质粒和外源 DNA 连接在一起，这种接受了外源 DNA 的质粒分子就被称为重组质粒。将重组质粒通过热击法或电转化法导入大肠埃希菌感受态细胞，借助抗生素筛选法筛选出转化子（接受了重组质粒或非重组质粒的感受态细胞），再结合菌液 PCR 或酶切反应鉴定出重组子（接受了重组质粒的感受态细胞）。

2. 重组质粒的表达

重组质粒的表达需要合适的诱导物浓度、诱导温度和诱导时间等。诱导物浓度过高，短时间内产生大量蛋白质，可能导致蛋白质折叠错误；诱导物浓度过低，目的蛋白质产量低。诱导温度不合适会导致可溶性蛋白含量降低。诱导时间过长会造成大量蛋白质降解；诱导时间过短，表达的目的蛋白质浓度低。因此，为了提高目的蛋白质的浓度，需要对表达条件进行优化。可利用单因素优化法和正交优化法，结合 SDS-PAGE，摸索重组质粒表达的最优条件。

【实验试剂与仪器】

1. 实验试剂

酶切纯化后的目的基因 DNA 片段和 pET21 载体片段，T4 DNA 连接酶，一步酶联法试剂，连接缓冲液，LB 固体培养基（含胰蛋白胨、酵母提取物、氯化钠），卡那霉素（Kan），LB 液体培养基，100mmol/L 异丙基-β-D-硫代半乳糖苷（IPTG），PBS 缓冲液（20mmol/L，pH 7.4），4×SDS 上样缓冲液（200mmol/L pH 6.8 Tris-HCl、80g/L SDS、0.4g/L 溴酚蓝、40%甘油、400mmol/L DTT，4℃保存）。

2. 实验仪器

恒温水浴锅，超净工作台，恒温摇床，微量移液器，吸头，离心管，制胶板，电泳仪，漩涡混合仪，制冰机，冰盒，脱色摇床。

【实验操作流程】

①在 200μL 离心管中加入 4.5μL 酶切后的目的基因 DNA 片段、0.5μL 酶切后的 pET21 载体片段和 5μL 一步酶联法试剂，混匀，50℃连接 30min。

②从−80℃冰箱中取出大肠埃希菌感受态细胞，放于冰盒里，待其稍稍融化，在超净工作台上将 10μL 连接液（T4 DNA 连接酶、连接缓冲液）全部加入大肠埃希菌感受态细胞中，混匀，冰浴 30min。

③42℃热激 90s，迅速放于冰盒中，冰浴 2min。

④在超净工作台上向冰浴后的溶液中加入 1mL 无抗 LB 液体培养基，混匀后，37℃、180r/min 振荡培养 30min～1h，使细胞复苏，并开始表达相应的抗性蛋白质。

⑤在超净工作台上将复苏的菌液吸至含有 Kan 的 LB 固体培养基平板，按照一个方向均匀涂布。

⑥将涂布后的平板放至 37℃培养箱中培养 12～16h。

⑦从长出菌落的平板上挑取 5 个单菌落分别至 5 个装有 500μL LB 液体培养基（Kan⁺）的 1.5mL 离心管中，37℃振荡培养 8h。

⑧在超净工作台上从每支离心管中吸取 1μL 菌液作模板，进行菌液 PCR。扩增结束后，用 1%琼脂糖凝胶电泳检测 PCR 结果。

⑨吸取 50μL 扩增后含有目的条带的菌液送测序公司测序，序列正确的菌液加 50%甘油保菌，−80℃保存。

⑩将保存的菌液划线培养于 LB 固体培养基平板（Kan⁺），37℃培养过夜。

⑪挑取单菌落于装有 5mL LB 液体培养基（Kan⁺）的离心管中，37℃振荡培养 8h。

⑫按 3%的接种量将振荡培养的菌液接种至装有 50mL LB 液体培养基（Kan⁺）的锥形瓶中，37℃振荡培养约 3h，至 OD_{600} 达到 0.5～0.8。

⑬在超净工作台中取出 1mL 样品为诱导前样品，−20℃保存。

⑭剩余样品按 1‰的量加入诱导物 IPTG，16℃振荡培养 12h。

⑮将诱导培养的菌液收集在 50mL 预冷的离心管中，4℃，5000r/min 离心 10min。

⑯弃上清液，往沉淀中加入 4mL pH 7.4 的 PBS 缓冲液，反复吸打，使菌体沉淀溶解。

⑰超声破碎溶解的菌体细胞，4℃，12000r/min 离心 2min，分离上清液和细胞碎片。

⑱取 12μL 上清液待用，其余上清液放−80℃保存。

⑲取出诱导前样品，4℃，12000r/min 离心 2min，留上清液。取 12μL 上清液待用，其余上清液放−80℃保存。

⑳在诱导前上清液、诱导后上清液和诱导后沉淀中分别加入 4μL 4×SDS 上样缓冲液，反复吸打混匀。

㉑将这些样品进行 SDS-PAGE 分析，确认重组质粒的表达。

【注意事项】

1. 处理大肠埃希菌感受态细胞时,应注意低温无菌。
2. 操作过程中要注意无菌。

【思考题】

1. 重组质粒表达过程中使用 IPTG 作为诱导物的原理是什么?
2. 如何减少蛋白质表达过程中的包涵体?
3. 重组质粒的检测方法有哪些?